高等院校电子信息类专业"互联网+"创新规划教材

集成电路设计实验教程

蔡剑华　　彭元杰　　王章弘　　主编

北京大学出版社
PEKING UNIVERSITY PRESS

内 容 简 介

本书从集成电路设计与工艺的基础实验出发，着重介绍了模拟和数字集成电路设计实验，以及集成电路制造工艺和封装技术，紧密关注集成电路的学术前沿，注重理论与工程实践相结合。全书内容包括：微电子器件实验、模拟集成电路设计实验、数字集成电路设计实验、集成电路版图设计实验、集成电路制造工艺实验、集成电路封装工艺实验，以及集成电路综合设计实验——二级密勒补偿运算放大器设计实验等。

本书注重培养学生分析与处理集成电路设计与工艺问题的实际能力，既可作为高等学校集成电路及微电子技术相关专业的实验课教材，亦可作为高等职业学校相近专业以及集成电路技术人员参考用书。

图书在版编目（CIP）数据

集成电路设计实验教程 / 蔡剑华，彭元杰，王章弘主编. -- 北京：北京大学出版社，2025.6. -- (高等院校电子信息类专业"互联网+"创新规划教材). -- ISBN 978-7-301-36313-3

Ⅰ. TN431.2-33

中国国家版本馆 CIP 数据核字第 2025PY4717 号

书　　名	集成电路设计实验教程
	JICHENG DIANLU SHEJI SHIYAN JIAOCHENG
著作责任者	蔡剑华　彭元杰　王章弘　主编
策划编辑	郑　双
责任编辑	李斯楠　郑　双
数字编辑	蒙俞材
标准书号	ISBN 978-7-301-36313-3
出版发行	北京大学出版社
地　　址	北京市海淀区成府路 205 号　100871
网　　址	http://www.pup.cn　新浪微博:@北京大学出版社
电子邮箱	编辑部 pup6@pup.cn　总编室 zpup@pup.cn
电　　话	邮购部 010-62752015　发行部 010-62750672　编辑部 010-62750667
印刷者	北京溢漾印刷有限公司
经销者	新华书店
	787 毫米×1092 毫米　16 开本　13 印张　331 千字
	2025 年 6 月第 1 版　2025 年 6 月第 1 次印刷
定　　价	42.00 元

未经许可，不得以任何方式复制或抄袭本书之部分或全部内容。

版权所有，侵权必究

举报电话: 010-62752024　电子邮箱: fd@pup.cn

图书如有印装质量问题，请与出版部联系，电话: 010-62756370

前　言

集成电路设计与工艺是多学科交叉、高技术密集的学科，是现代电子信息科技的核心技术之一，也是体现国家综合实力的重要标志之一。该学科致力于培养集成电路与集成系统设计领域的复合应用型人才，以满足我国目前对此类人才的强烈需求。

集成电路设计与工艺具备很强的实践性，是一门以实验为基础，并依托实验将理论知识渗透于其中的学科。然而，由于其抽象性和探究过程的复杂性，某些知识点一直被视为教学中的难点。目前的实验教材和讲义往往是针对单一主题独立编写的，这种分散的教材结构已不能满足新形势下集成电路学科的发展和人才培养的需求。因此，编写出一本相互关联、系统化的集成电路系列实验教材就显得尤为迫切且十分必要。本书旨在这一领域做一些积极的探索与尝试。

本书内容全面丰富，既体现了集成电路学科领域的系统性，又能在每章体现不同实验内容的特点。本书共分7章，第1章介绍了微电子器件实验，第2章介绍了模拟集成电路设计实验，第3章介绍了数字集成电路设计实验，第4章介绍了集成电路版图设计实验，第5章介绍了集成电路制造工艺实验，第6章介绍了集成电路封装工艺实验，第7章介绍了集成电路综合设计实验——二级密勒补偿运算放大器设计实验。

本书在编写过程中参考使用了安徽省科大奥锐科技有限公司、湖南理工学院所提供的一些资料，在此一并表示感谢。

本书的编者在相关课程的教学方面具有丰富的经验。但限于编者水平，书中难免存在疏漏，欢迎广大同行和读者批评指正。

编者
2024年11月

资源索引

目 录

第1章 微电子器件实验 ... 1
实验一　四探针法测量半导体（金属材料）电阻率 ... 1
实验二　PN结变温特性研究 ... 4
实验三　BJT/MOS器件静态特性分析 ... 6
实验四　功率MOSFET器件CV特性分析 ... 9
实验五　晶体管特征频率实验 ... 15
实验六　MOSFET器件动态开关特性分析 ... 19

第2章 模拟集成电路设计实验 ... 23
实验一　EDA仿真软件Hspice及CMOS工艺技术参数提取 ... 23
实验二　CMOS差分放大器设计 ... 31
实验三　两级运算放大器设计 ... 37

第3章 数字集成电路设计实验 ... 42
实验一　数据选择器设计 ... 42
实验二　译码器设计 ... 44
实验三　4位全加器设计 ... 48
实验四　同步计数器 ... 51
实验五　数控分频器的设计 ... 53
实验六　音乐播放器的设计 ... 55

第4章 集成电路版图设计实验 ... 58
实验一　Cadence软件使用入门 ... 58
实验二　MOS场效应晶体管的版图 ... 69
实验三　CMOS反相器的版图 ... 75
实验四　D触发器的版图 ... 78
实验五　反相器的版图验证 ... 82

第5章 集成电路制造工艺实验 ... 92
实验一　晶体生长、晶圆片制造实验 ... 92
实验二　氧化实验 ... 103

实验三　扩散实验 107
　　实验四　离子注入实验 111
　　实验五　薄膜淀积实验 115
　　实验六　光刻实验 123

第 6 章　集成电路封装工艺实验 134
　　实验一　背面减薄虚拟仿真实训体验式互动实验 134
　　实验二　晶圆切割虚拟仿真实训体验式互动实验 141
　　实验三　第二道光检虚拟仿真实训体验式互动实验 145
　　实验四　芯片粘接虚拟仿真实训体验式互动实验 148
　　实验五　注塑虚拟仿真实训体验式互动实验 151
　　实验六　高温固化虚拟仿真实训体验式互动实验 155
　　实验七　去溢料电镀虚拟仿真实训体验式互动实验 159
　　实验八　电镀退火虚拟仿真实训体验式互动实验 162

第 7 章　集成电路综合设计实验——二级密勒补偿运算放大器设计实验 166

附录 194
　　附录 A　2450 型数字源表使用说明 194
　　附录 B　QuartusII VHDL 文本输入设计方法 197

参考文献 202

第 1 章

微电子器件实验

实验一 四探针法测量半导体（金属材料）电阻率

一、实验目的

（1）熟悉四探针法测量半导体或金属材料电阻率的原理。
（2）掌握四探针法测量半导体或金属材料电阻率的方法。

二、实验仪器

半导体物理实验平台；数字源表；硅单晶。

三、实验原理

半导体材料是现代高新技术产业中的重要材料之一，已在微电子器件和光电子器件中得到了广泛应用。半导体材料的电阻率是半导体材料的一个重要特性，是研究开发与实际生产应用中经常需要测量的物理参数之一。

四探针法主要用于测量半导体样品或金属样品等低电阻率材料的电阻率。四探针法电阻率测量接线图如图 1.1.1 所示。由图 1.1.1（a）可见，测试过程中四根金属探针与样品表面接触，外侧 1 和 4 两根为通电流探针，内侧 2 和 3 两根是测电压探针。由恒流源经 1 和 4 两根探针输入小电流使样品内部产生压降，同时用高阻抗的静电计、电子毫伏计或数字电压表测出其他两根探针（探针 2 和探针 3）之间的电压 V_{23}。

若一块电阻率为 ρ 的均匀半导体样品，其几何尺寸相对探针间距来说可以看作半无限大。由于均匀导体内恒定电场的等位面为球面，则在半径为 r 处的等位面面积为 $2\pi r^2$。当探针引入的电流源的电流为 I，电流密度 j 为：

$$j = I / 2\pi r^2 \tag{1.1.1}$$

根据电流密度与电导率 σ 的关系 $j = \sigma E$（E 为电场强度，单位为 V/m）可得：

$$E = \frac{j}{\sigma} = \frac{I}{2\pi r^2 \sigma} = \frac{I\rho}{2\pi r^2} \tag{1.1.2}$$

(a) 直线排列　　　　　　　　　　(b) 矩形排列

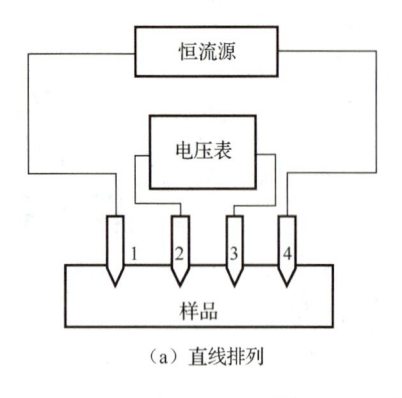

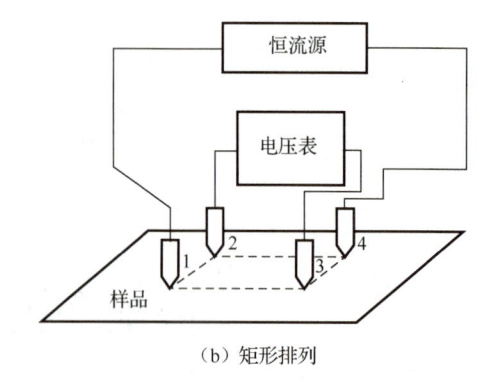

图 1.1.1　四探针法电阻率测量接线图

距离点电荷 r 处的电势为：

$$V = \frac{I\rho}{2\pi r} \tag{1.1.3}$$

半导体内各点的电势应为四根探针在该点所形成电势的矢量和。通过数学推导，四探针法测量电阻率的公式可表示为：

$$\rho = 2\pi \left(\frac{1}{r_{12}} - \frac{1}{r_{24}} - \frac{1}{r_{13}} + \frac{1}{r_{34}}\right)^{-1} \cdot \frac{V_{23}}{I} = C \cdot \frac{V_{23}}{I} \tag{1.1.4}$$

式中，$C = 2\pi \left(\frac{1}{r_{12}} - \frac{1}{r_{24}} - \frac{1}{r_{13}} + \frac{1}{r_{34}}\right)^{-1}$ 为探针系数，与探针间距有关，单位为 cm。

若四根探针在同一直线上，如图 1.1.1（a）所示，当其探针间距均为 S 时，则被测样品的电阻率为：

$$\rho = 2\pi \left(\frac{1}{S} - \frac{1}{2S} - \frac{1}{2S} + \frac{1}{S}\right)^{-1} \cdot \frac{V_{23}}{I} = 2\pi S \cdot \frac{V_{23}}{I} \tag{1.1.5}$$

即常见的直流等间距四探针法测量电阻率的公式。

有时为了缩小测量区域，以观察不同区域电阻率的变化，即电阻率的不均匀性，四根探针不一定都排成一条直线，也可排成正方形或矩形，如图 1.1.1（b）所示，此时计算电阻率只需改变电阻率计算公式中的探针系数 C 即可。

四探针法的优点是探针与半导体样品之间不要求制备接触电极，这极大地方便了对样品电阻率的测量。四探针法可测量样品沿径向分布的断面电阻率，从而可以观察样品电阻率的不均匀性。由于这种方法可以快速、方便、无损地测试任意形状样品的电阻率，更适合于实际生产中的大批量样品测试。但由于该方法受到探针间距的限制，很难区别间距小于 0.5mm 的两点间电阻率的变化。根据样品在不同电流（I）下的电压值（V_{23}），还可以计算出所测样品的电阻率。

实验数据处理方法如下。

（1）多次测量取平均值，减小测量误差，如表 1.1.1 所示。

表 1.1.1 多次测量数据

	单晶硅的电阻率			平均值
实验数据	12.88	13.54	14.62	13.68

（2）分析测量电阻率中误差的来源。

四探针法是通过测量一个恒流源在样品不同位置引起的电位差来得出样品的电阻率的方法。为获得精确的测量结果，必须保持四根探针和样品表面良好的、稳定的弹性接触。这要求探针尖端足够尖锐，并对其施加适当的接触压力，但这样会造成材料表面损伤并使测量值易受外界干扰，特别是在测量薄条带或薄膜样品时这种情况会更为明显。

另外，虽然测量电流很小（<100mA），但探针与样品接触的面积也很小，由局部热效应产生的电动势有时能达到被测量信号的量级。虽然改变电流方向可以抵消大部分热电势影响，但对于电阻率的细微变化，这种方法仍然难以获得准确的结果，且不宜连续测量。在直流四探针法基础上发展起来的交流四探针法能够消除电接触区的热电势，但它对交流电流源和用于检测信号的交流放大器稳定性的要求非常高，且仍存在接触稳定性问题。这些因素导致四探针法对于电阻值的微小变化不够敏感，从而阻碍了对材料组织结构的微弱变化过程的分析研究。

四、实验内容与步骤

（1）预热：打开 SB118 恒流源和 PZ158A 电压表的电源开关（或四探针电阻率测试仪的电源开关），使仪器预热 30 分钟。

（2）放置待测样品：首先拧动四根探针支架上的铜螺柱，松开四根探针与小平台的接触，将样品置于小平台上，然后拧动四根探针支架上的铜螺柱，使四根探针的所有针尖同样品构成良好的接触。

（3）联机：将四根探针的四个接线端子，分别接入相应的正确的位置，即接线板上最外面的两个端子，对应于四根探针的最外面的两根探针，应接在 SB118 恒流源的电流输出孔上；接线板上内侧的两个端子，对应于四根探针的内侧的两根探针，应接在 PZ158A 电压表的输入孔上，如图 1.1.1（a）所示。

（4）测量：使用 SB118 恒流源中合适的电流输出量程，以及适当调节电流（粗调及细调），可以在 PZ158A 电压表上测量出样品在不同电流值下的电压值，利用式（1.1.5）即可计算出被测样品的电阻率 ρ。

五、注意事项

（1）压下探头时，压力要适中，以免损坏探针。

（2）由于样品表面电阻可能分布不均，测量时应对一个样品多测几个点，然后取平均值。

（3）样品的实际电阻率还与其厚度有关，需查阅样品的厚度修正系数，在进行电阻率计算时进行修正。

实验二 PN 结变温特性研究

一、实验目的

（1）熟悉半导体物理实验平台（PN 结）的 I-V 特性变化与温度的关系。
（2）掌握使用数字源表进行 I-V 特性测量的方法。

二、实验仪器

半导体物理实验平台（PN 结）；数字源表；S9018NPNBJT。

三、实验原理

往 PN 结中加正向电压时，PN 结呈现低电阻，具有较大的正向扩散电流；往 PN 结中加反向电压时，其呈现高电阻，具有很小的反向漂移电流。PN 结电流 i_D 与偏压 v_D 有如下关系：

$$i_D = I_S(e^{v_D/V_T} - 1) \quad (1.2.1)$$

其中，I_S 为反向饱和电流；V_T 为温度的电压当量，常温下（T=300K），V_T=26mV。

PN 结的 I-V 特性曲线如图 1.2.1 所示。

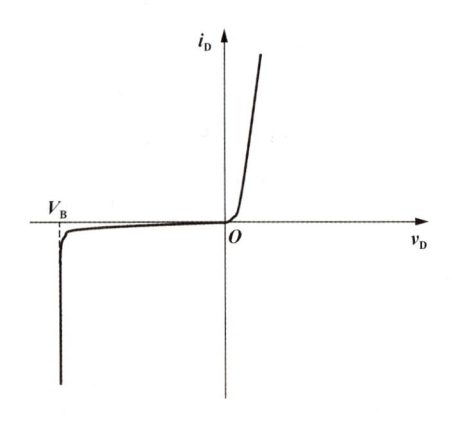

图 1.2.1 PN 结的 I-V 特性曲线

当温度变化时，PN 结的各种特性参数会发生变化。在室温下，温度每升高 1℃，PN 结的正向导通电压下降 2~2.5mV。温度每升高 10℃，反向饱和电流升高约一倍。雪崩击穿电压随温度升高而升高，齐纳击穿电压随温度升高而降低。PN 结的 I-V 特性随之发生变化。

四、实验内容与步骤

首先将连接好的器件放入塑料试管中，器件位置应尽量靠近试管底部。本例中使用 S9018NPNBJT 的 B、E 两极作为待测件，通过红黑两根线将其与另一端的数字源表进行连接。将安装好待测件的试管放入半导体物理实验平台变温插槽中，并打开后面板开关。半导体物理实验平台如图 1.2.2 所示。前面板的 **Prog** 按键可以在 P1~P9 共 9 个点上设置温度和停留时间，右侧的→方向键可以选择温度和停留时间，上下方向键可以用于设定温度和停留时间。短按 Start/Stop 键开始加温，按照刚才设定的温度变化流程执行。长按 Start/Stop 键可随时结束加温。

设置测试温度分别为室温（19.2℃）、30℃、45℃、60℃、80℃，源表设置在-7~1V，用于扫描施加电压于 S9018NPNBJT 的 B、E 端之间，由实验数据采集软件得到 S9018NPNBJT 的 B、E 端 I-V 实验测量数据，生成 I-V 曲线，并与图 1.2.1 对比，分析并总结 PN 结的变温特性。图 1.2.3 为 30℃、35℃、40℃、60℃下的测量数据生成的 I-V 曲线，可作为参考。

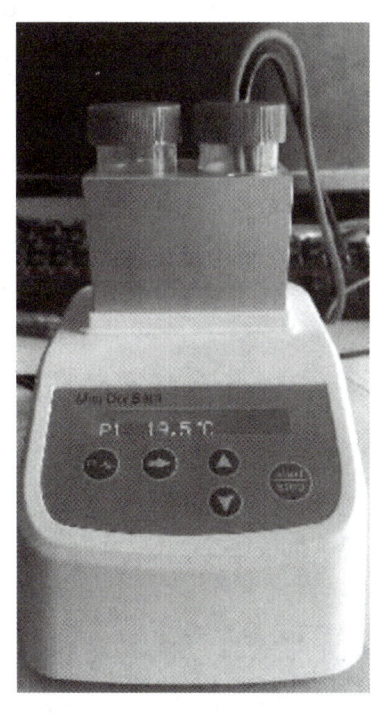

图 1.2.2　半导体物理实验平台

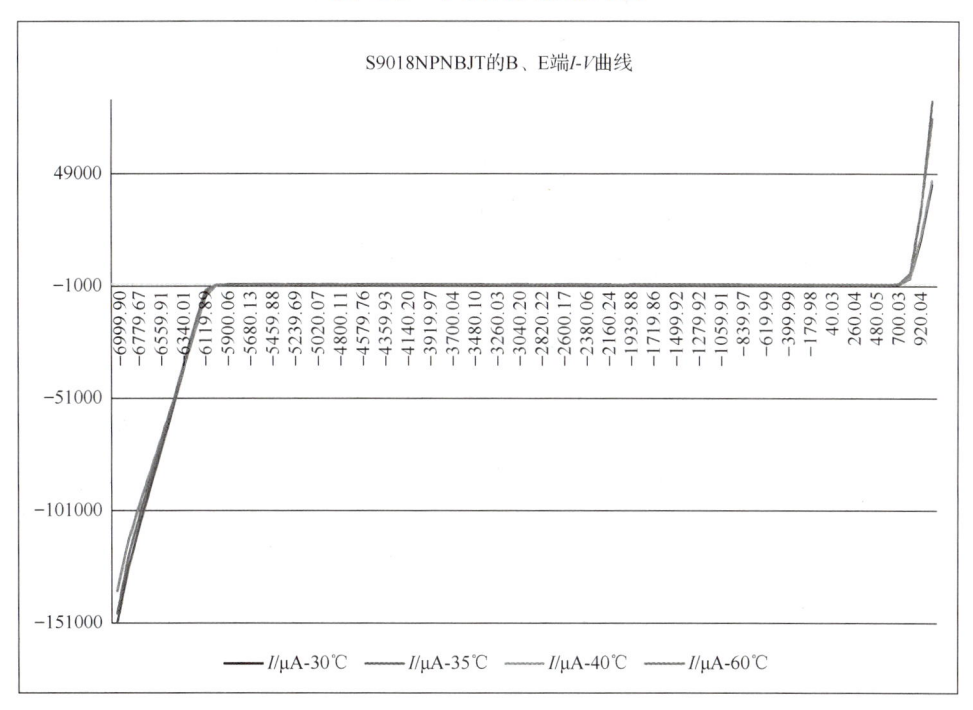

图 1.2.3　参考 I-V 曲线

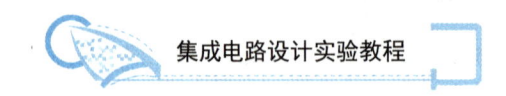

实验三　BJT/MOS 器件静态特性分析

一、实验目的

（1）熟悉晶体管的静态工作原理和静态特性参数。
（2）掌握双源表扫描测量静态特性的方法。

二、实验仪器

BJT/MOS 器件静态特性分析平台；数字源表 2 台；3DG6P，S9018N。

三、实验原理

BJT/MOS 器件静态特性分析平台，可以配合数字源表进行半导体器件的静态直流参数测试。该平台支持三同轴/香蕉头接口连接，其后背板三同轴接头与上面板香蕉头之间的连接关系如图 1.3.1 所示。

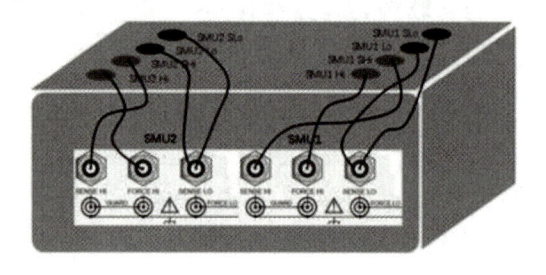

图 1.3.1　分析平台后背板连接关系

用两台数字源表对晶体管进行 I-V 测试的原理如图 1.3.2 所示。

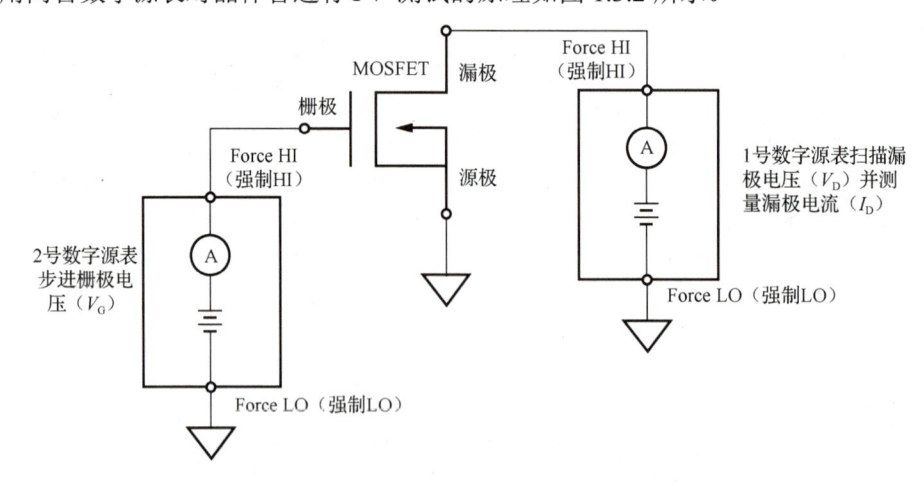

图 1.3.2　两台数字源表对晶体管进行 I-V 测试的原理

在与数字源表连接中，也可以按照图 1.3.3 的连接方式进行测试连接。以三端口 BJT 器件为例，左侧数字源表通过两线（两条实线）或四线（两条实线加两条虚线）的方式使

第 1 章 微电子器件实验

用香蕉头长线连接到夹具盒左侧的 SMU1 的 HI/SHI/LO/SLO 端口上，提供基极电流 I_B；右侧数字源表通过两线或四线方式连接到夹具盒右侧的 SMU2 的 HI/SHI/LO/SLO 端口上，提供 V_{CE}，并测量 I_C。

图 1.3.3　数字源表与测试电路连线

中间的 TO-92 规格管座，共有三个接口，用于进行三端口器件固定。周围红色、绿色和黑色三组香蕉头接口与管座上、中、下（BJT 管的 C/B/E 三极或 MOS 管的 D/G/S 三极）三个接口分别对应。可以通过香蕉头短线，将 SMU1 和 SMU2 与器件管脚进行连接。

当测试 BJT 晶体管时，如果基极电流较小，且负载电容值大于 20nF 时，测试结果曲线可能出现振荡的现象。如果发现测试结果曲线出现异常情况，可以通过在基极输入端串联电阻，改变环路特性的方式解决。

图 1.3.4 为 JP1/JP2 和晶体管之间的连接原理图。图中的跳线有两组选择：缺省状态下，连通 JP2（靠上方的跳线）表示数字源表输出端与基极（B）直连；当数字源表测试结果曲线出现振荡时，选择断开 JP2，并连通 JP1（靠下方的跳线），表示数字源表输出端通过 6.8K 电阻与基极（B）连接，这样可以有效消除基极电流过小引发的测试不稳定现象。在选择使用 JP1 连接来提供基极电流 I_B 时，由于串联了 6.8K 电阻，如果使用两线法连接数字源表，在测量 V_{BE} 时将产生误差，此时使用数字源表读出的电压值为：

$$V = V_{BE} + I_B \times 6800 \tag{1.3.1}$$

如果在连接 JP1 时需要准确测量 V_{BE}，则应该使用四线法连接数字源表。这样可以有效消除导线上串联电阻的影响。

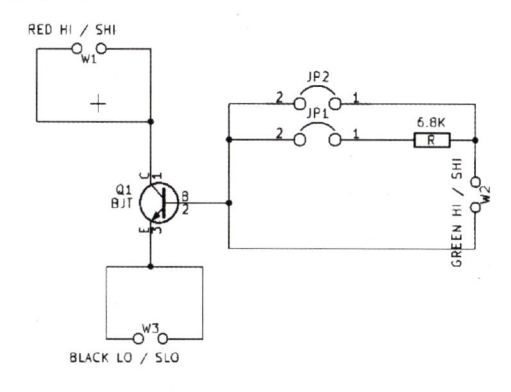

图 1.3.4　JP1/JP2 和晶体管之间的连接原理图

两线法（实线）和四线法（实线加虚线）连接数字源表的方式如图 1.3.5 所示。

图 1.3.5　两线法（实线）和四线法（实线加虚线）连接数字源表的方式

四、实验内容与步骤

（1）3DG6P 器件 *I-V* 特性测试。

在夹具上插入 3DG6P，选择连接 JP1 跳线（基极串联 6.8K 电阻），设置 SMU1 数字源表输出基极电流，在范围 10～100μA 进行阶梯扫描。SMU2 数字源表输出 V_{CE}，范围 0～5V，扫描 51 个点，并测试 I_C。扫描结果生成 BJT 输出特性曲线。

（2）测试 B、E 端之间的 PN 结 *I-V* 特性。

如果测试双端口器件，可以使用一台数字源表。将二极管插在 TO-92 管座的两个插孔之间，并连接到源表的正负端。以 S9018N 晶体管为例，测试 B、E 端之间的 PN 结 *I-V* 特性，设置源表线性扫描-7～1V 的电压，并测试导通电流，在源表上设置限制电流（I limit）为 10mA。测试结果也可以生成 B、E 端之间的 PN 结 *I-V* 特性曲线。

分析 B、E 端反向击穿电压和正向导通电流值。

实验四　功率 MOSFET 器件 CV 特性分析

一、实验目的

（1）了解功率 MOSFET 的开关特性及寄生电容基本原理。
（2）掌握通过实验测试来计算寄生电容参数的方法。

二、实验仪器

CV 特性测量平台；LCR 测试仪；直流电源；IRF610MOSFET。

三、实验原理

功率 MOSFET 寄生电容是 MOSFET 器件的重要动态参数，直接影响到其开关性能，功率 MOSFET 的栅极电荷也是基于其电容特性衍生出的重要参数。下面的实验中我们将从结构上介绍这些参数，然后理解这些参数在功率 MOSFET 产品手册中的定义，以及它们的定义条件，并通过实验测试来计算寄生电容参数。

功率 MOSFET 的结构中具有三个内在的寄生电容参数：G 和 S 之间的电容 C_{GS}，G 和 D 之间的电容 C_{GD}（也称反向传输电容或米勒电容 C_{RSS}），D 和 S 之间的电容 C_{DS}。

通常功率 MOSFET 的电容参数在产品手册中的定义，和上面的寄生电容的定义并不完全相同，产品手册中功率 MOSFET 的电容参数定义如表 1.4.1 所示。

表 1.4.1　产品手册中功率 MOSFET 的电容参数定义

记号	算式	含义
C_{ISS}	$C_{GS}+C_{GD}$	输入电容
C_{OSS}	$C_{DS}+C_{GD}$	输出电容
C_{RSS}	C_{GD}	反向传输电容

以 Vishay IRF610 型功率 MOSFET 为例，其 TO-220 封装结构与电容参数指标如图 1.4.1 所示。

在本实验中，我们搭建如下测试电路，对 Vishay IRF610 型功率 MOSFET 器件进行电容参数测量，如图 1.4.2 所示。图中电路右侧是为待测器件供电的直流电源设备，提供 25V 直流电压偏置。电路左侧使用带有隔直夹具的 LCR 表测量 S/D/G 三个端口相互之间的电容值，测量频率为 1MHz 或 200kHz。SW1 和 SW2 是手动跳线开关，不同的跳线配置可以形成不同的外围电路组合，分别用于测量输入/输出/反向转移电容数值。

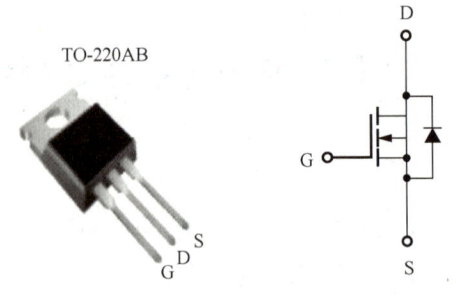

(a）封装结构

动态参数	符号	测试条件	参考值	单位
输入电容	C_{ISS}	$V_{GS}=0V$,	140	
输出电容	C_{OSS}	$V_{DS}=25V$,	53	pF
反向传输电容	C_{RSS}	$f=1.0MHz$	15	

(b）电容参数指标

图 1.4.1　Vishay IRF610 型功率 MOSFET 的 TO-220 封装结构和电容参数指标

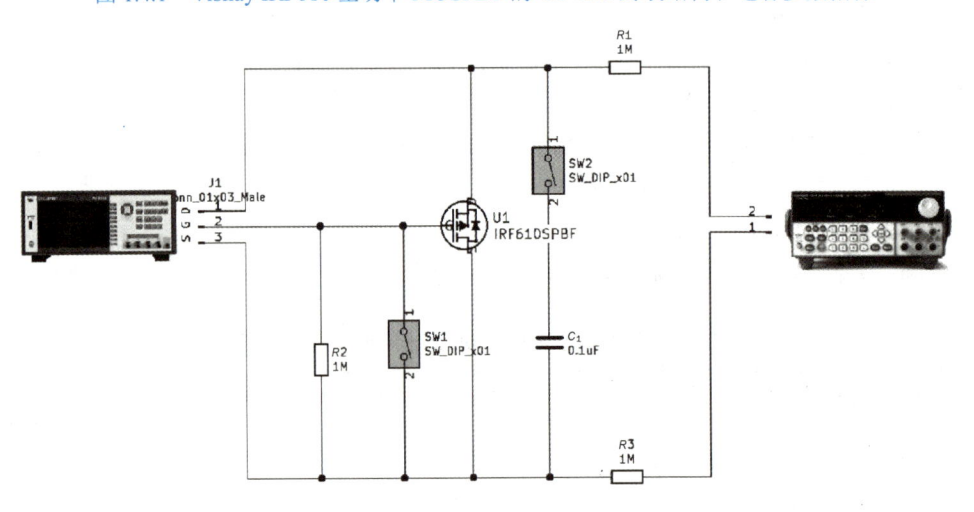

图 1.4.2　Vishay IRF610 型功率 MOSFET 的电容参数测量电路图

四、实验内容与步骤

为了进一步了解功率 MOSFET 器件的电容特性，掌握功率 MOSFET 的电容参数测量方法，我们对给定的功率 MOSFET 器件进行电容参数测试，并根据测试结果计算输入电容、输出电容和反向传输电容，同时对比测试结果与产品手册中的数据，了解不同种类器件电容参数的差别。

（1）输入电容 C_{ISS} 的测量。

功率 MOSFET 的输入电容 C_{ISS} 测量实验原理图如图 1.4.3 所示，实验目的在于测量功率 MOSFET 在加有偏置电压情况下的输入电容 C_{ISS}。根据输入电容 C_{ISS} 的定义（即 $C_{ISS}=C_{GD}+C_{GS}$），我们应首先考虑的是如何去除功率 MOSFET 内部电容 C_{DS} 的影响。根据电容的并联特性，可以引进一个 0.1μF 电容来屏蔽功率 MOSFET 内部电容 C_{DS}（因为器件的寄生电容远小于 0.1μF），这样并联后的总电容将约为 0.1μF。而此并联电容再与功率 MOSFET 内部电容 C_{GD} 串联，根据电容的串联特性，0.1μF 电容将有效屏蔽 C_{GD} 的影响。在栅极 G 和源极 S 之间加 1MΩ电阻是为了创建一个虚短路，以防止功率 MOSFET 状态不稳定。在功率 MOSFET 的漏极 D 和源极 S 两端与电源之间加入 1MΩ电阻，是为了利用其高阻抗性，减小电源部分对电路测量的影响（虽然理论上电阻越大屏蔽效果越好，但这也会造成更大的压降。加 1MΩ电阻是因为相对而言其比较折中，如果条件允许的话，无阻尼电感获得的效果可能更好）。隔直夹具的作用是隔绝直接加在 LCR 表上的电流和电压，防止损坏 LCR 表。

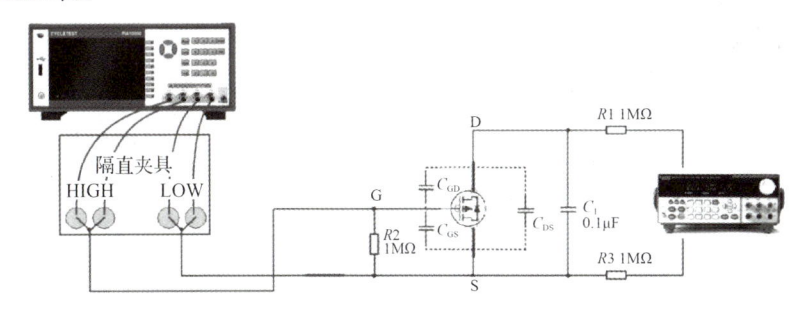

图 1.4.3　功率 MOSFET 的输入电容 C_{ISS} 测量实验原理图

如图 1.4.4 所示（参考图 1.4.2 电路图），将 SW1 跳线断开，SW2 连接后，可以得到 C_{ISS} 测量电路。图中左侧是 LCR 表笔，用于连接 G/S 两端，右侧是电源供电线，输出 D/S 两端测量所需偏压。

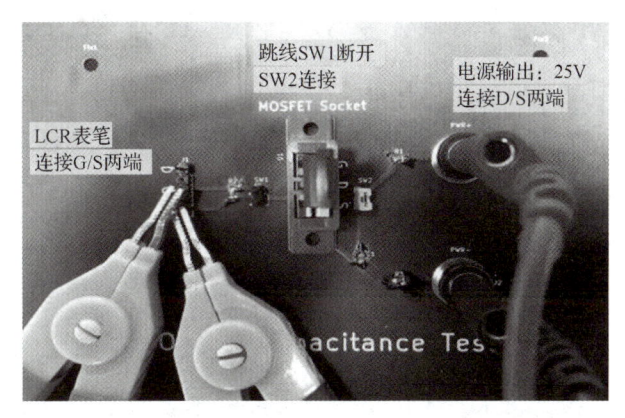

图 1.4.4　功率 MOSFET 的输入电容 C_{ISS} 测量连接图

测量所得数据用于换算功率 MOSFET 内部的输入电容 C_{ISS} 的具体方法如下。
C_{DS} 与 0.1μF 的电容并联，假设并联所得的值为 C_1，则 $C_1 \approx 0.1\mu F$。
C_{GD} 与 C_1 串联，假设串联所得的值为 C_2，则 $C_2 \approx C_{GD}$。
C_{GS} 又与 C_2 并联，假设并联所得的值为 C_3，则 $C_3 = C_{GS} + C_2 \approx C_{GS} + C_{GD}$，所以 $C_{ISS} \approx C_3$。
假设 LCR 表在图 1.4.4 中所测得的电容值为 C_S，则 C_S 的值为隔直夹具中的电容 C 与 C_{ISS} 串联后的结果。即 $1/C_S = 1/C + 1/C_{ISS}$，则 $C_{ISS} = (C \times C_S)/(C - C_S)$。
因为隔直夹具中的 C 远远大于 C_S，所以 $C_{ISS} = C_S$。

（2）输出电容 C_{OSS} 的测量。

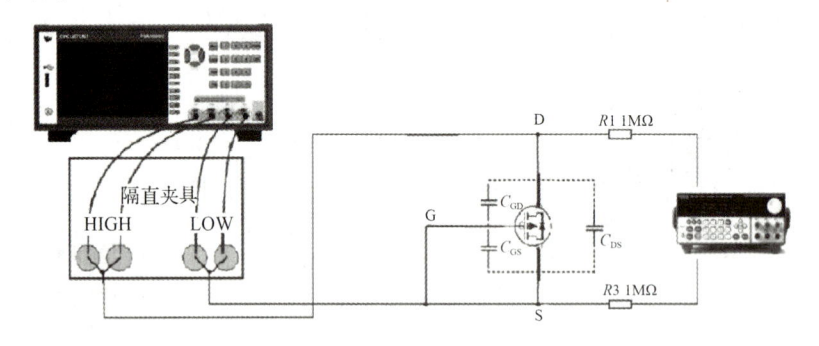

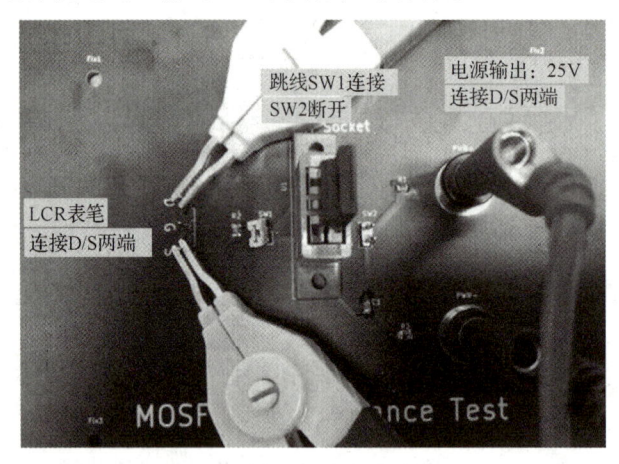

功率 MOSFET 的输出电容 C_{OSS} 测量实验原理图如图 1.4.5 所示，实验目的在于测量功率 MOSFET 在加有偏置电压情况下的输出电容 C_{OSS}。根据输出电容 C_{OSS} 的定义（即 $C_{OSS}=C_{GD}+C_{DS}$），我们应首先考虑的是如何去除功率 MOSFET 内部电容 C_{GS} 的影响，让功率 MOSFET 内部电容 C_{GD} 和 C_{DS} 达到并联的效果。为了屏蔽内部电容 C_{GS}，也可以直接短路栅极 G 和源极 S。

图 1.4.5　功率 MOSFET 的输出电容 C_{OSS} 测量实验原理图

功率 MOSFET 的输出电容 C_{OSS} 测量连接图如图 1.4.6 所示（参考图 1.4.2 电路图），将 SW1 跳线连接，SW2 断开后，可以得到 C_{OSS} 测量电路。图中左侧是 LCR 表笔，用于连接 D/S 两端，右侧是电源供电线，输出 D/S 两端测量所需偏压。

图 1.4.6　功率 MOSFET 的输出电容 C_{OSS} 测量连接图

测量所得的数据换算为输出电容 C_{OSS} 的具体方法如下。

因为 C_{GS} 被短路，C_{GD} 与 C_{DS} 并联，假设并联所得的值为 $C_1=C_{GD}+C_{DS}$，即 $C_1=C_{OSS}$。假设 LCR 表在电路图中所测得的电容值为 C_S，则 C_S 的值为隔直夹具中的电容 C 与 C_{OSS} 串联后的结果。即 $1/C_S=1/C+1/C_{OSS}$。则 $C_{OSS}=(C\times C_S)/(C-C_S)$。

因为隔直夹具中的 C 远远大于 C_S，所以 $C_{OSS} = C_S$。

(3) 反向传输电容 C_{RSS} 的测量。

功率 MOSFET 的反向传输电容 C_{RSS} 测量实验原理图如图 1.4.7 所示,实验目的在于测试功率 MOSFET 在加有偏置电压情况下的栅极 S 和漏极 D 之间的电容值,结合 C_{ISS} 和 C_{OSS} 的测量值,经过换算求出反向传输电容 C_{RSS}。

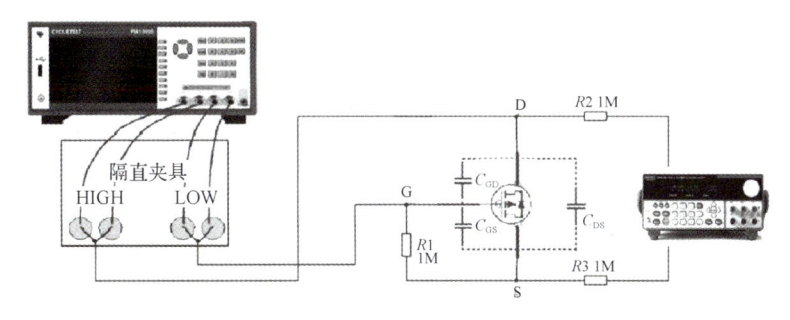

图 1.4.7 功率 MOSFET 的反向传输电容 C_{RSS} 测量实验原理图

MOSFET 的反向传输电容 C_{RSS} 测量实验连线图如图 1.4.8 所示(参考图 1.4.2 电路图),将 SW1 跳线断开,SW2 断开后,可以得到 C_{RSS} 测试电路。图中左侧是 LCR 表笔,用来连接 D/G 两端,右侧是电源供电线,输出 D/S 两端测量所需偏压。

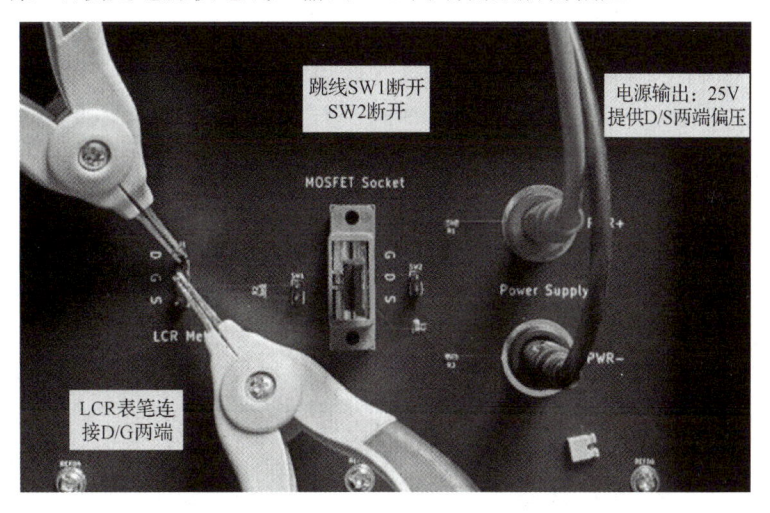

图 1.4.8 功率 MOSFET 的反向传输电容 C_{RSS} 测量实验连线图

测量所得的数据换算为 C_{RSS} 的具体方法如下。

因为 C_{GS} 与 C_{DS} 串联,假设其串联所得值为 C_1,则有 $1/C_1=1/C_{GS}+1/C_{DS}$。

因为 C_{GD} 与 C_1 是并联的,假设其并联所得值为 C_2,则 $C_2=C_{GD}+C_1$,即

$$C_2=C_{GD}+(C_{GS}\times C_{DS})/(C_{GS}+C_{DS}) \tag{1.4.1}$$

假设 LCR 表根据测量电路测得的电容值为 C_S,则 C_S 的值为隔直夹具中的电容 C 与 C_2 串联后的结果。即 $1/C_S=1/C+1/C_2$,因为隔直夹具中的 C 远远大于 C_2,所以

$$C_S=C_2=C_{GD}+(C_{GS}\times C_{DS})/(C_{GS}+C_{DS}) \tag{1.4.2}$$

根据输入电容 C_{ISS}、输出电容 C_{OSS} 的测量值及式（1.4.1）、式（1.4.2），可以得出反向传输电容 $C_{RSS}=C_{GD}$，$C_{GS}+C_{GD}=C_{ISS}$，因此 $C_{GS}=C_{ISS}-C_{RSS}$，$C_{DS}+C_{GD}=C_{OSS}$，$C_{DS}=C_{OSS}-C_{RSS}$，$C_S=C_{RSS}+(C_{ISS}-C_{RSS})\times(C_{OSS}-C_{RSS})/(C_{ISS}-C_{RSS}+C_{OSS}-C_{RSS})$，解方程式，可以推导出

$$C_{RSS} = C_S - \sqrt{(C_{ISS}-C_S)(C_{OSS}-C_S)} \tag{1.4.3}$$

实验五　晶体管特征频率实验

一、实验目的

（1）熟悉晶体管的特征频率随直流工作点的变化关系原理。
（2）掌握使用多种仪器设备测量晶体管的特征频率的方法。

二、实验仪器

晶体管特性频率测试平台；示波器；信号发生器；数字万用表；数字源表 2 台；2N3904 NPN 型晶体管。

三、实验原理

当晶体管实际工作频率远高于低频电流增益截止频率 f_β 时，交流电流增益与工作频率成反比关系。晶体管的增益带宽积（Gain-Bandwideh Product，GBW）为常数，其值近似等于共射电流增益的模为 1 时的工作频率。双极型晶体管特征频率的测量就是通过在基极耦合特定频率的高频小幅交流输入信号，同时改变共射组态晶体管的直流偏置条件，进而达到改变交流电流增益的目的。通过这种方法可以研究晶体管的特征频率随直流工作点的变化关系。

四、实验内容与步骤

该实验使用 2N3904 NPN 型晶体管，使用两台数字源表分别提供 I_B 和 V_{CE}。2N3904 NPN 型晶体管的管脚定义如图 1.5.1 所示。

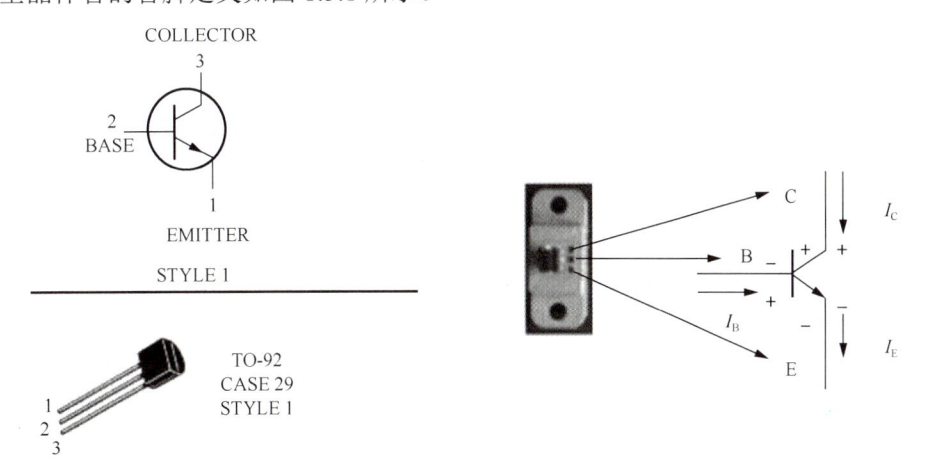

图 1.5.1　2N3904 NPN 型晶体管的管脚定义

2N3904 NPN 型晶体管在夹具盒上的安装方式应为平面朝向右侧，从上到下三个管脚依次对应 C、B、E 三极。晶体管静态工作点的设置和 2N3904 的工作区间示意图如图 1.5.2 所示。

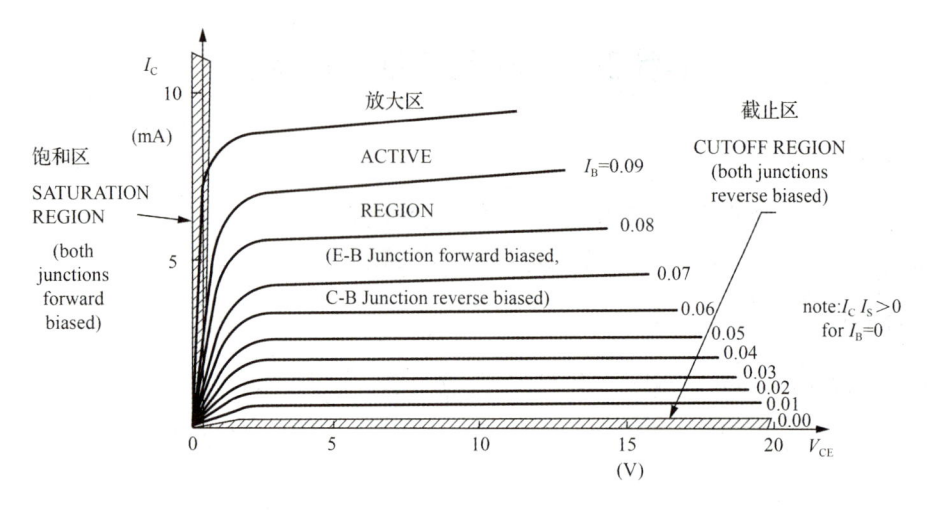

图 1.5.2　晶体管静态工作点的设置和 2N3904 的工作区间示意图

为确保晶体管在放大区工作，设置晶体管的直流工作点约为 $I_C = 1\text{mA}$。在不连接交流信号时，晶体管的静态工作电路连接图如图 1.5.3 所示。

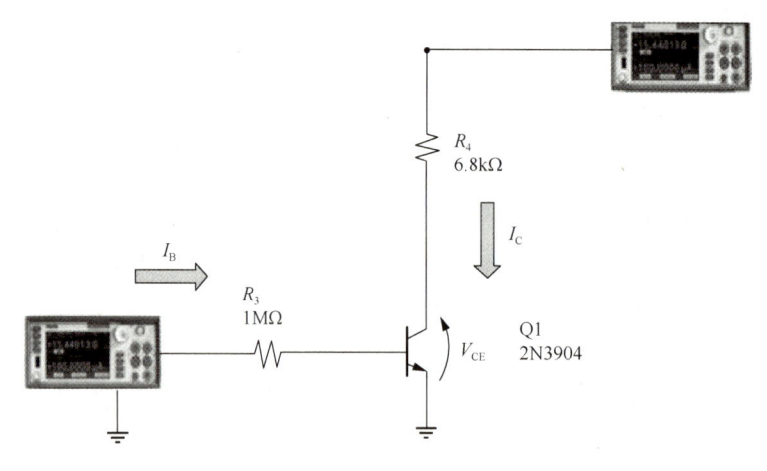

图 1.5.3　晶体管的静态工作电路连接图

调节数字源表 1 输出的 I_B 大小，并观察数字源表 2 的 I_C 电流值约等于 1mA，确保晶体管在放大区工作。数字源表的电流示数如图 1.5.4 所示。

数字源表 1 在输出电流（I_B）的状态下（两线连接）工作，数字源表 2 在输出电压和测试电流（I_C）的状态下工作。设置数字源表 2 输出电压为 15V，调整数字源表 1 输出电流 I_B，使 I_C 值约为 1mA。

此时 I_B 约为 2.8μA，使用数字万用表测试 B、E 两端电压 V_{BE} 为 0.636V。

图 1.5.4　数字源表的电流示数

（1）晶体管 h 参数的测量：h_{ie} 和 h_{fe}。

在合理设置静态工作点和输入为交流小信号的前提下，晶体管可等效为一个线性双端口电路。晶体管的 h 参数用电流、电压的交流分量来表示。其中 I_B、V_{BE} 为晶体管的输入变量，I_C、V_{CE} 为输出变量。晶体管的 h 参数反映了在某一固定静态条件下的晶体管小信号交流特性。

晶体管交流参数测量实验电路原理图如图 1.5.5 所示，将信号源输出端与实验板左侧 AC IN 一端的 BNC 接口连接好，示波器 1 通道与实验板右侧 AC OUT 一端的 BNC 接口连接好。设置信号源输出 1kHz 正弦信号，调整信号源输出信号幅度，同时使用示波器 2 通道测量 R_1 两端电压波形（标注 Input 的香蕉头接口位置）。并计算 I_B 电流有效值，使 $I_B \approx$ 0.5μA。

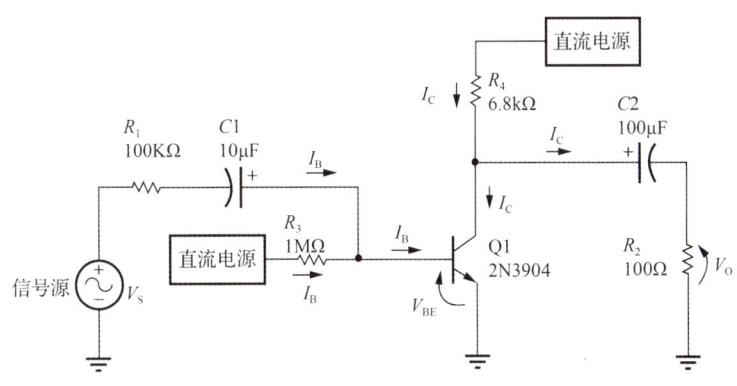

图 1.5.5　晶体管交流参数测量实验电路原理图

设置信号源输出 1kHz 正弦波,并改变输出幅度,当示波器测得 R_1 两端电压有效值为 50mV 时,由于 R_1=100kΩ,此时的 I_B≈0.5μA。

h_{ie} 称为输出端交流短路时的输入电阻,简称输入电阻。它反映了输出电容 C_{ce} 不变时,基极电压对基极电流的控制能力。

$$h_{ie}=V_{BE}/I_B=(V_{BE}/V_S)\times R_1 \qquad (1.5.1)$$

在上述测试条件不变的情况下,使用示波器 2 通道测量 V_{BE} 有效值为 5.7mV,代入式(1.5.1)计算:$h_{ie}=V_{BE}/I_B = (V_{BE}/V_S) \times R_1 = 5.7/50 \times 100kΩ = 11400$。

h_{fe} 称为输出端交流短路时的电流放大系数,简称电流放大系数。它反映基极电流 I_B 对集电极电流 I_C 的控制能力,即晶体管的电流放大能力。

$$h_{fe}=I_C/I_B,\ I_C=V_O/R_2 \qquad (1.5.2)$$

将示波器二通道香蕉头插入实验板右上角 Output 端,测得 V_O = 17.3mV,R_2=100Ω,$h_{fe} = I_C / I_B = 228$,其中 $I_C =V_O / R_2 = 17.3mV/ 100Ω = 0.173mA$。

(2)测量晶体管截止频率 $f_β$,并使用"增益带宽积"方法计算晶体管特征频率 f_T。

从 1kHz 起逐渐增大信号源的输出频率,并使用示波器观察实验板右侧 AC OUT 信号的幅度。当输出信号幅度下降 3dB(输出峰峰值下降一半)时,记录信号源的输出频率 $f_β$,表示为晶体管在当前工作点上的截止频率。

信号源的输出频率为 1kHz 时,AC OUT 输出峰峰值约 38mV;输出频率为 1.4MHz 时,AC OUT 输出峰峰值约 19.2mV。

根据"增益带宽积"方法,计算晶体管特征频率 f_T,其计算公式如下:

$$f_T = h_{fe} \times f_β \qquad (1.5.3)$$

所以 $f_T = 228 \times 1.4 = 319.2$(MHz),其中 $f_β$ 约等于 1.4MHz。

(3)使用高频信号源和 500MHz 带宽示波器验证晶体管特征频率 f_T。

如果示波器和信号源的带宽大于 200MHz,可以使用信号源在 DC-200MHz 以上的频率范围内扫描输入信号,并在示波器上测试输出信号(AC OUT)的幅频特性。使电流放大倍数下降到 1 的位置,手动查找特征频率点 f_T,来验证"增益带宽积"方法计算特征频率值是否准确。

实验六　MOSFET 器件动态开关特性分析

一、实验目的

（1）了解 MOSFET 的开关特性及寄生电容参数对器件开关特性的影响。
（2）掌握 MOSFET 的开启电压 V_{GS}、V_{DS} 和电流 I_D 测量的方法。

二、实验仪器

器件开关特性分析平台；3 通道示波器，信号源，数字源表；2N7000G NMOSFET。

三、实验原理

MOSFET 器件的开关时间参数极为重要，因为更短的开关时间意味着更高的开关频率。随着电路中电感电容等储能元件的容量变小，变压器的体积也可以成倍的缩小。高频化是电源技术发展的一个重要方向。这个实验中，我们主要学习和了解寄生电容对 MOSFET 器件开关特性的影响。MOSFET 器件的开启过程如图 1.6.1 所示，它可以分为 4 个阶段。

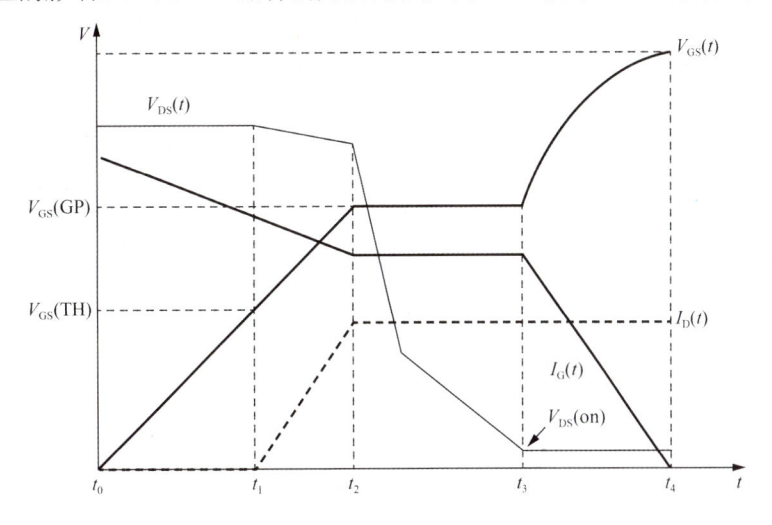

图 1.6.1　MOSFET 器件的开启过程

阶段 1（t_0—t_1）：V_{GS} 开始上升，由于栅极等效电容的存在，I_G 首先给 C_{GS} 充电，V_{GS} 缓慢上升，在还没有到达 V_{TH} 时，V_{DS} 保持不变，I_D 为零。t 达到 t_1 时，$V_{GS}=V_{TH}$。

阶段 2（t_1—t_2）：V_{GS} 达到 V_{TH} 以后，MOSFET 开始导通，I_D 开始有电流，由于 C_{OSS}（C_{DS}）的存在，V_{DS} 不会迅速下降。t 达到 t_2 时，C_{GS} 充满，V_{GS} 达到米勒平台，I_D 达到最大。

阶段 3（t_2—t_3）：进入米勒平台后，MOSFET 保持开启，C_{OSS} 开始放电，V_{DS} 电压开始下降，I_G 开始为 C_{GD} 反向充电。t 达到 t_3 时，C_{GD} 被反向充满，V_{DS} 压差几乎到达最小值，这个时刻 MOSFET 完全导通，V_{GS} 保持不变。

阶段 4（t_3—t_4）：当 C_{GS} 和 C_{DS} 被栅极电压充满后，米勒平台结束。V_{GS} 持续增大到驱动电压，V_{DS} 之间的压差=$R_{DS(on)} \times I_D$，整个开启过程结束。

从上面的过程中可以看到，MOSFET 器件的开启和关断速度，主要由器件的寄生电容参数决定，寄生电容越小，充放电时间越快，则器件的开关速度越快。

使用函数发生器输出高低电平控制栅极电压，可以控制 MOSFET 进入打开/关断状态。栅极信号在 MOSFET 开关端之间的延迟时间定义为开关时延。MOSFET 器件的开关时间定义如图 1.6.2 所示，一般而言表示为 $t_{d(on)}/t_r/t_{d(off)}/t_f$。

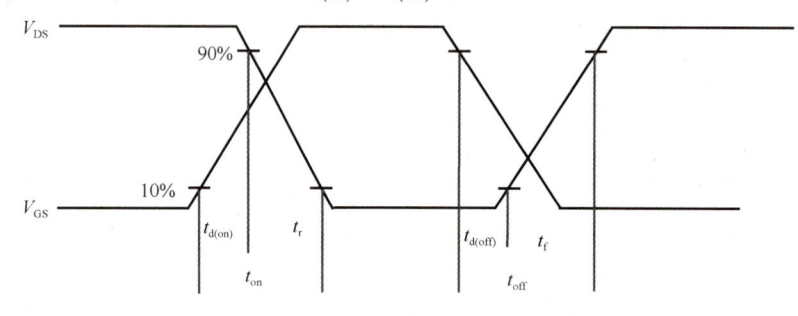

图 1.6.2 MOSFET 器件的开关时间定义

其中，开启延迟时间 $t_{(on)}=t_{d(on)}+t_r$，关断延迟时间 $t_{(off)}=t_{d(off)}+t_f$。

选用 ON-SEMI 2N7000G 200mA/60V N 沟道 MOSFET 器件（TO-92 封装）为测试件，器件管脚分配如图 1.6.3 所示。在实验板安装器件时，请注意管脚平面方向应朝向实验人员的右边，此时从上到下三个管脚分别是 Drain、Gate 和 Source。

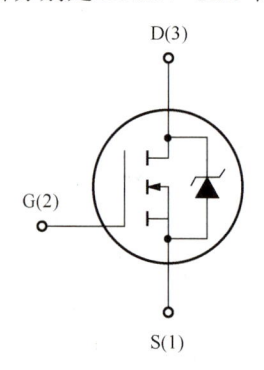

图 1.6.3 器件管脚分配图

器件开关特性参数如表 1.6.1 所示。

表 1.6.1 器件开关特性参数

参数	含义	条件	参数值
C_{ISS}	输入电容	V_{DS}=25V,	43pF
C_{OSS}	输出电容	f=1MHz,	20pF
C_{RSS}	反向传输电容	V_{GS}=0	6pF
$t_{d(on)}$	开启延迟时间	V_{DD}=30V,	5ns
t_r	上升时间	I_D=0.5A,	15ns
$t_{d(off)}$	关断延迟时间	R_G=4.7Ω,	7ns
t_f	下降时间	V_{GS}=4.5V	8ns

MOSFET 器件开关特性测试原理图如图 1.6.4 所示。

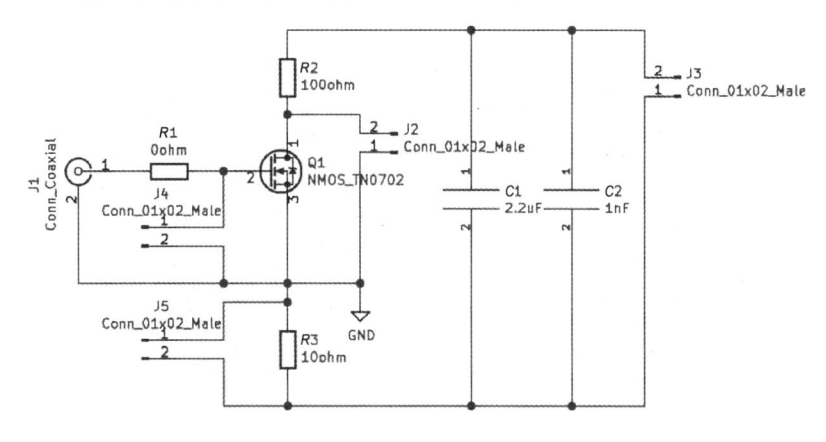

图 1.6.4　MOSFET 器件开关特性测试原理图

使用三组示波器探头分别测试 V_{GS}（J4）、V_{DS}（J2）和 I_D（J5）的波形，并测量 MOSFET 器件的开启和关断延迟时间。

四、实验内容与步骤

对给定的 MOSFET 器件进行开关测试，设置合理的供电电压以及 V_{GS} 波形频率和幅度，观察并绘制 MOSFET 的开启电压 V_{GS}，以及 V_{DS}、I_D 的相对关系波形，并测量开启时延指标。

（1）按原理图连接示波器、信号源、源表与实验电路板，如图 1.6.5 所示。设置源表输出电压为 15V，电流限流为 500mA。信号源输出电压峰值为 5V，偏置 2.5V 的方波信号，该信号频率为 10kHz。

图 1.6.5　实验连线实物图

在图 1.6.5 中，示波器三个探头 CH1、CH2、CH3 分别连接实验板的 V_{GS}、I_D、V_{DS}，请注意其中测试 I_D 的 CH2 探头方向与其他两个探头方向相反。通过 CH2 测得 R3 两端电压值，再换算为 I_D，其中 $R3$ 电阻为 10Ω。实验测量波形示例如图 1.6.6 所示，由上向下依次为 V_{GS}、V_{DS} 和 I_D 的波形。

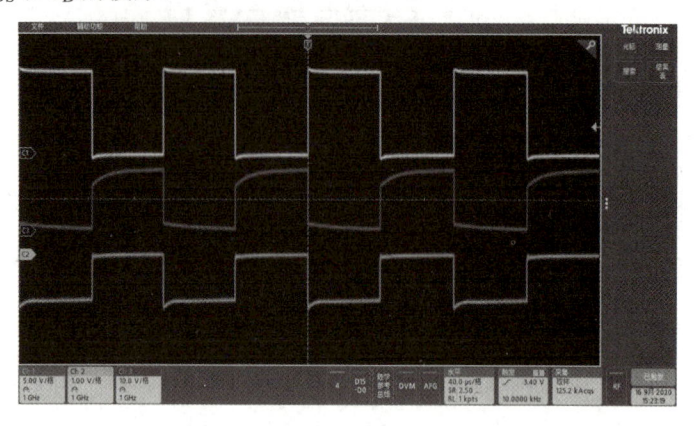

图 1.6.6　V_{GS}、V_{DS} 和 I_D 的波形

（2）展宽示波器波形，测量 MOSFET 的开启延迟时间 $t_{d(on)}$ 和关断延迟时间 $t_{d(off)}$，如图 1.6.7、图 1.6.8 所示。

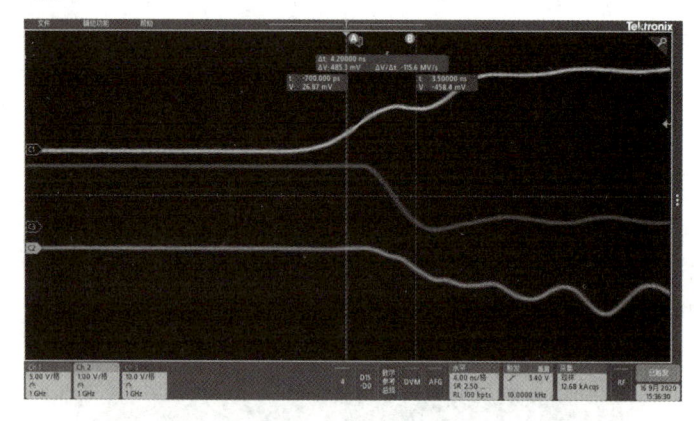

图 1.6.7　测量开启延迟时间约为 4.2ns

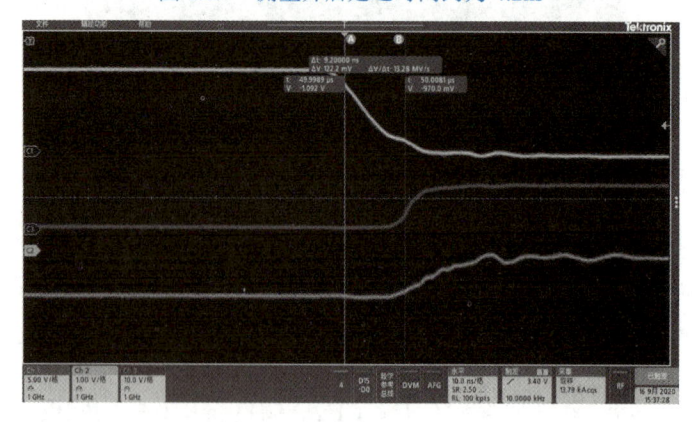

图 1.6.8　测量关断延迟时间约为 9.2ns

第2章

模拟集成电路设计实验

实验一　EDA 仿真软件 Hspice 及 CMOS 工艺技术参数提取

一、实验目的

（1）学习和掌握 EDA 仿真软件 Hspice。
（2）了解 CMOS 工艺技术与元器件模型，掌握 NMOS 和 PMOS 工作原理及其伏安特性。
（3）由 Hspice 进行仿真与计算，提取 CMOS 中 NMOS 和 PMOS 的工艺参数，为后续实验打下基础。

二、实验仪器

计算机；Hspice 仿真软件。

三、实验原理

1. Hspice 输入电路网表结构

Hspice 输入电路网表典型格式如图 2.1.1 所示。

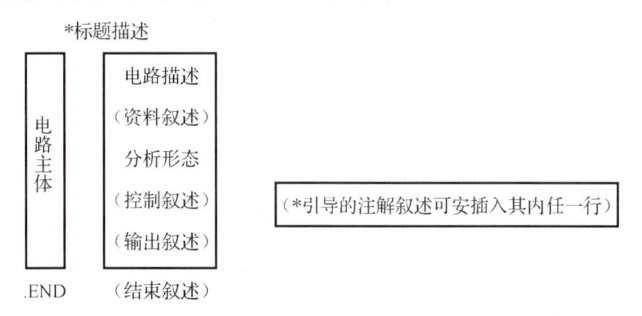

图 2.1.1　Hspice 输入电路网表典型格式

以下用实例来介绍 Hspice 的输入电路网表结构和格式。
NMOS 的 *I-V* 特性测试电路如图 2.1.2 所示。

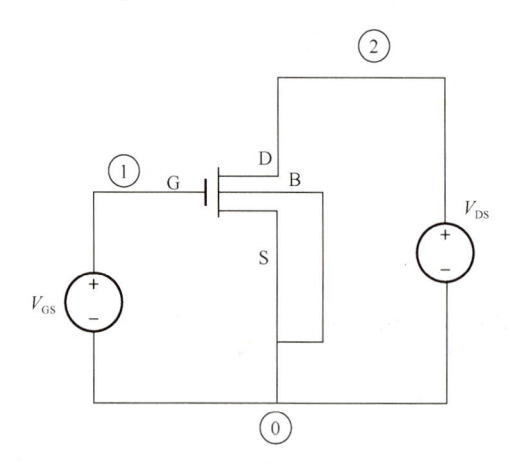

图 2.1.2　NMOS 的 *I-V* 特性测试电路

其所对应的 Hspice 输入电路网表如图 2.1.3 所示。

```
nmos.sp                                               *标题描述

*NMOS I-V Characteristic

.OPTIONS LIST NODE POST
.LIB "tsmc_025um_model.lib" CMOS_MODELS

M1 2 1 0 0 CMOSN L=0.24U W=1u
VGS 1 0 0.8
VDS 2 0 1

.DC VGS 0.6 1.8 0.1
.DC VDS 0 2.5 0.1

.PRINT DC I(M1)

.END
```

图 2.1.3　NMOS 的 *I-V* 特性对应的 Hspice 输入电路网表

2. NMOS 和 PMOS 的 *I-V* 工作特性

半导体集成电路设计最常采用的两种工艺是 Bipolar 工艺和 MOS 工艺。近年来,由于 MOS 工艺可设计出高密度的电路,用户对高密度数字电路(如存储器和微处理器)的需求推动了 MOS 工艺在数字电路应用中的巨大发展。模拟电路和数字电路兼容在同一芯片上又催化了 MOS 工艺模拟电路设计中的发展。当前,MOS 工艺中 CMOS 工艺占主导地位,许多新的 VLSI 集成电路设计采用 CMOS 工艺。本实验阐述 CMOS 工艺中元器件 NMOS 和 PMOS 用于模拟电路设计时的 *I-V* 工作特性。

NMOS 有三个工作区:截止区、线性区和饱和区。其在不同工作区的 *I-V* 特性分别如下。

（1）截止区。
$$V_{GS} < V_{TN}, I_D = 0$$

（2）线性区。
$$0 < V_{DS} < V_{GS} - V_{TN}$$
$$I_D = K_n \left(\frac{W}{L}\right)\left[(V_{GS} - V_{TN})V_{DS} - \frac{1}{2}V_{DS}^2\right]$$

（3）饱和区。
$$0 < V_{GS} - V_{TN} < V_{DS}$$
$$I_D = \frac{1}{2}K_n \left(\frac{W}{L}\right)(V_{GS} - V_{TN})^2(1 + \lambda_n V_{DS})$$

其中，V_{DS} 为 NMOS 漏极和源极之间的压差（漏源电压）；V_{GS} 为 NMOS 栅极和源极之间的压差（栅源电压）；V_{TN} 为 NMOS 的阈值电压，即当栅极和源极之间的压差超过此值时，NMOS 管才会导通；K_n 是 NMOS 的跨导参数，$K_n = \mu_n C_{ox}$。W 和 L 是 NMOS 的宽和长；λ_n 是 NMOS 的沟道长度调制系数。NMOS 的漏极电流（I_D）与漏源电压（V_{DS}）特性曲线如图 2.1.4 所示。

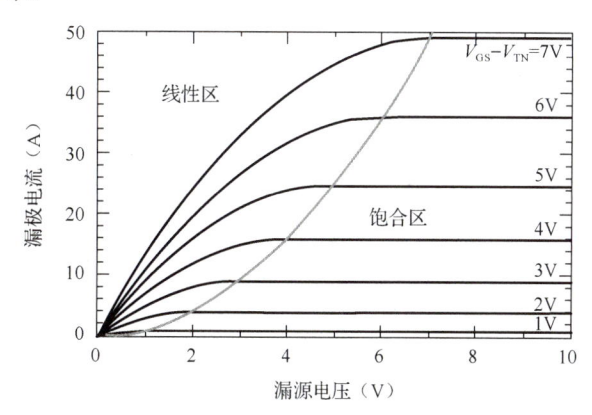

图 2.1.4 NMOS 的漏极电流（I_D）与漏源电压（V_{DS}）特性曲线

3. 模拟电路中 CMOS 工作在饱和状态区

CMOS 工艺中，NMOS 和 PMOS 用于模拟电路设计时必须工作在饱和状态区，这一现象由 MOSFET 的小信号模型的线性特征所决定。

$$g_m = \frac{\Delta I_{DS}}{\Delta V_{GS}} = K_n \left(\frac{W}{L}\right)(V_{GS} - V_{TN})$$

饱和状态下，NMOS 电压电流关系中的参数 K_n、V_{TN}、λ_n 是 CMOS 工艺参数，理想状态下是常数；I_{DS} 为 NMOS 的漏源电流。

针对某一具体的 CMOS 工艺技术，通过仿真求取以上工艺参数是模拟电路设计的第一步。

四、实验内容及步骤

步骤 1：打开虚拟机软件 VMware Workstation，加载 Red Hat Linux 系统。

步骤 2：建立实验目录，在/home/chris/目录下建立名为 hspice 的目录以及 CMOS_exp01、CMOS_exp02、CMOS_exp03 三个子目录，这三个子目录分别存放实验一、实验二、实验三的电路网表以及仿真结果。建立目录的命令为 mkdir，建立过程如图 2.1.5 和图 2.1.6 所示。

图 2.1.5　建立目录

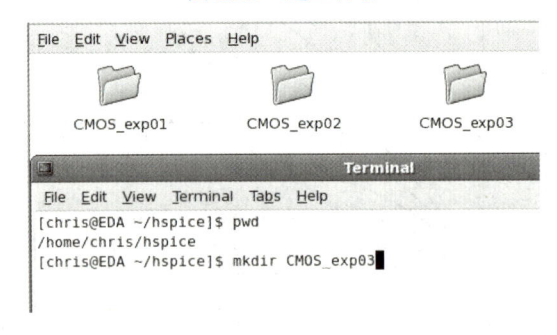

图 2.1.6　建立子目录

步骤 3：导入工艺库，可以使用共享文件夹或者 U 盘的方法将工艺库文件拷贝到/home/chris/hspice 目录下。mix025_1.1 是 TSMC 0.25μm 混合信号 SPICE 模型库，本门课程所有实验都使用该工艺库，请记住工艺库的完整路径并在每个网表里调用.lib "/home/chris/hspice/mix025_1.l" tt，如图 2.1.7 所示。

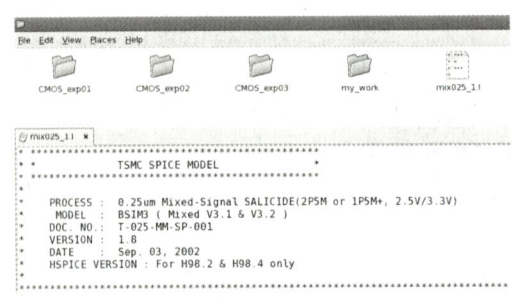

图 2.1.7　工艺库调用

步骤 4：启动 Hspice 的许可证文件管理服务，命令为 lmgrd，如图 2.1.8 所示。

图 2.1.8　启动 Hspice 许可证文件管理服务

步骤 5：编写网表，进行仿真。

仿真输入示例如图 2.1.9 所示，网表文件为 nmos.sp，输入仿真命令 hspice -i nmos.sp -o nmos（说明：-i 是输入文件名，-o 是输出文件名）。当出现 hspice job concluded 时，则提示仿真成功。

图 2.1.9　仿真输入

步骤 6：调用波形查看器 sx2007。

输入命令 sx2007，import waveform file，nmos.sw0，输出波形查看器 sx2007 如图 2.1.10 所示。

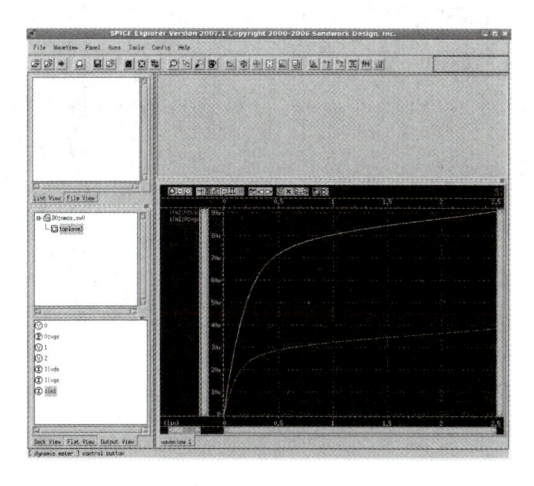

图 2.1.10　波形查看器 sx2007

步骤 7：根据 NMOS 电路图并通过 Hspice 进行仿真，计算相关工艺参数。

首先，建立 NMOS 晶体管直流仿真电路图，如图 2.1.11 所示。NMOS 管的栅极和漏极分别接直流扫描电压源 V_{GS} 和 V_{DS}。

其次，编写网表（注意 NMOS 管的宽度和长度统一为 W=1u、L=0.24u），如图 2.1.12 所示（注，此处 u 应为 μ，应用中经常用 u 来替换 μ）。

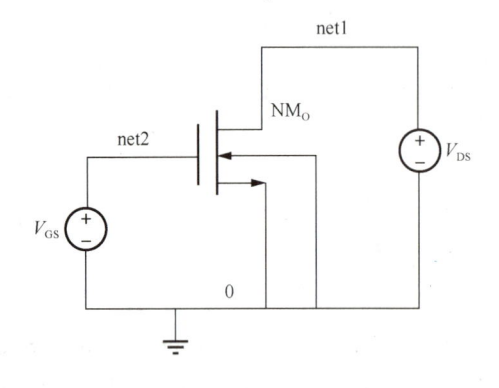

图 2.1.11 NMOS 晶体管直流仿真电路图　　　　图 2.1.12 NMOS 网表

在完成对 Hspice 网表的仿真后，打开 sx2007 波形查看器并观察 NMOS 管的漏源电流与漏源电压之间的关系（I-V 曲线）。单击 Add Cursor 按钮可以观测曲线在 X-Y 轴的具体数值。在 sx2007 波形查看器中，移动十字标分别测量 V_{GS} 在 0.8V 和 1V 时，I_{DS} 为 1V 和 1.5V 时的电流，如图 2.1.13 所示。

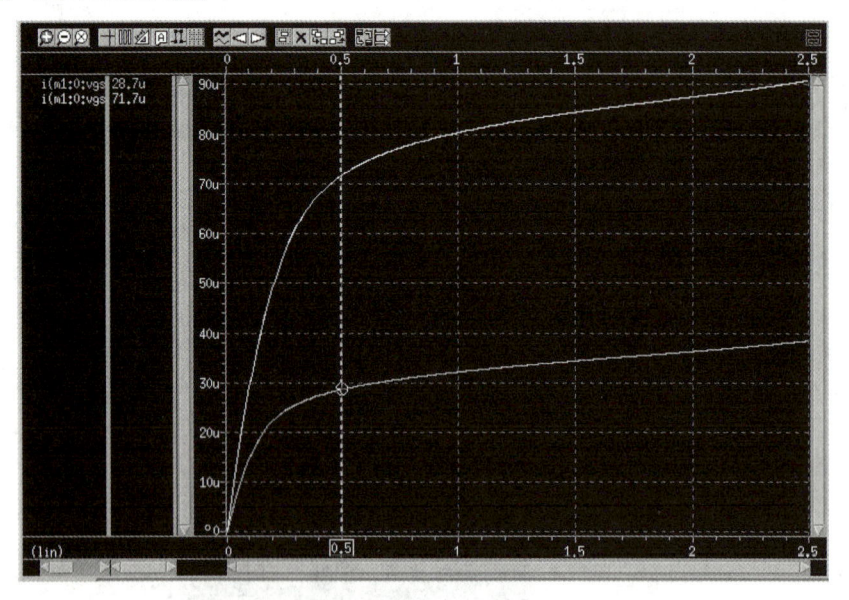

图 2.1.13 I-V 曲线关系

将仿真数据记录下来，如表 2.1.1 所示。

表 2.1.1　仿真数据记录表

I_{DS}		V_{DS}	
		1V	1.5V
V_{GS}	0.8V	74.8μA	82.7μA
	1V	165μA	177μA

更精确的数据可从仿真结果文件 nmos.lis 中得到，如图 2.1.14 所示。

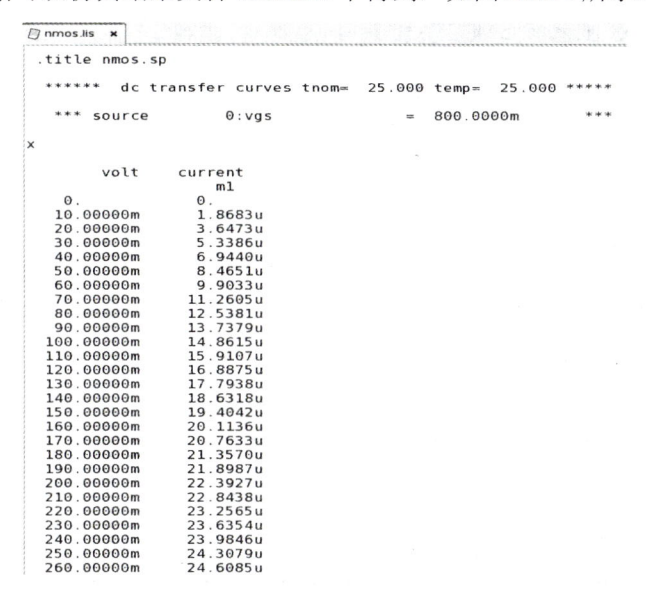

```
nmos.lis
.title nmos.sp
****** dc transfer curves tnom=  25.000 temp=  25.000 *****
*** source         0:vgs           =  800.0000m        ***

        volt       current
                     m1
        0.          0.
       10.00000m    1.8683u
       20.00000m    3.6473u
       30.00000m    5.3386u
       40.00000m    6.9440u
       50.00000m    8.4651u
       60.00000m    9.9033u
       70.00000m   11.2605u
       80.00000m   12.5381u
       90.00000m   13.7379u
      100.00000m   14.8615u
      110.00000m   15.9107u
      120.00000m   16.8875u
      130.00000m   17.7938u
      140.00000m   18.6318u
      150.00000m   19.4042u
      160.00000m   20.1136u
      170.00000m   20.7633u
      180.00000m   21.3570u
      190.00000m   21.8987u
      200.00000m   22.3927u
      210.00000m   22.8438u
      220.00000m   23.2565u
      230.00000m   23.6354u
      240.00000m   23.9846u
      250.00000m   24.3079u
      260.00000m   24.6085u
```

图 2.1.14　仿真结果文件

根据如下公式可以计算出 K_n、V_{TN}、λ_n。

$$74.8\mu A = \frac{K_n}{2}(\frac{2um}{0.24um})(0.8V - V_{TN})^2(1 + \lambda_n \times 1V)$$

$$82.7\mu A = \frac{K_n}{2}(\frac{2\mu m}{0.24\mu m})(0.8V - V_{TN})^2(1 + \lambda_n \times 1.5V)$$

求得：
$$\lambda_n = 0.27$$

$$165\mu A = \frac{K_n}{2}(\frac{2\mu m}{0.24\mu m})(1V - V_{TN})^2$$

$$74.8\mu A = \frac{K_n}{2}(\frac{2\mu m}{0.24\mu m})(0.8V - V_{TN})^2$$

求得：　　　　　　　　$V_{TN} \approx 0.39V$　　　$K_n \approx 107\mu A/V^2$

重复上述实验步骤，测量 TSMC=0.25μm 时 PMOS 管的工艺参数 K_p（跨导参数）、V_{TP}（阈值电压）和 λ_p（沟道长度调制系数），以及 PMOS 的 I_{SD}（漏源电流）、V_{SD}（漏源电压）、V_{SG}（栅源电压）。

(1) 填写 NMOS 工艺参数表 2.1.2。

表 2.1.2　NMOS 工艺参数表

I_{DS}		V_{DS}	
V_{GS}			

(2) 填写 PMOS 工艺参数表 2.1.3。

表 2.1.3　PMOS 工艺参数表

I_{SD}		V_{SD}	
V_{SG}			

(3) 根据计算结果填写 TSMC=0.25μm 时的工艺参数表 2.1.4。

表 2.1.4　工艺参数表（TSMC=0.25μm）

$\lambda_n =$	$\lambda_p =$
$K_n =$	$K_p =$
$V_{TN} =$	$V_{TP} =$

五、思考题

(1) K_p 和 K_n 相比，K_n 总是大于 K_p，为什么？

(2) 栅长不同，λ_p 和 λ_n 也不同。为什么栅长越大 λ 越大？

实验二 CMOS 差分放大器设计

一、实验目的

（1）学习和掌握 CMOS 差分集成放大器的增益估算的基本原理。
（2）熟悉并能计算 CMOS 差分集成放大器的-3dB 带宽。
（3）学习和掌握 CMOS 差分集成放大器的设计步骤和仿真方法。

二、实验仪器

计算机；Hspice 仿真软件。

三、实验原理

1. 差分放大器电路分析

采用 PMOS 电流镜作负载的差分集成放大器的拓扑结构如图 2.2.1 所示。该放大器由 $M_1 \sim M_5$ 组成。M_1 和 M_2 组成 NMOS 差分输入对，差分输入和单端输入相比可以有效抑制共模信号的干扰；M_3 和 M_4 电流镜为 PMOS 有源负载；M_5 为整个放大器提供恒定的偏置电流。

从电流与电压转换角度对电路进行分析也许更便于理解。M_1 和 M_2 为放大器差分输入跨导级，将差分输入电压转换为差分电流；M_3 和 M_4 为负载，将差模电流恢复为差模电压。

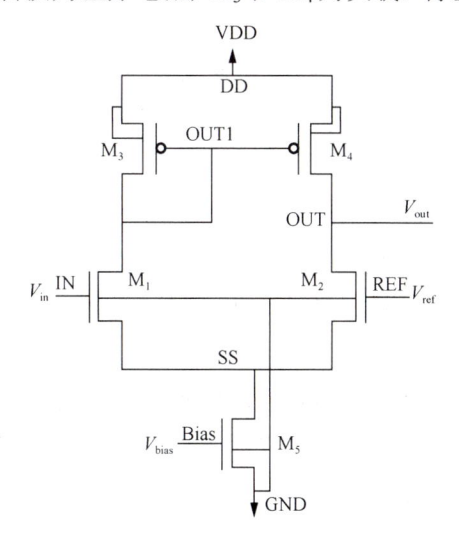

图 2.2.1 采用 PMOS 电流镜作负载的差分集成放大器的拓扑结构

根据图 2.2.1 用直观的方法估算放大器的增益。

$$V_{out1} \cong -g_{m1} V_{in} \frac{1}{g_{m3}}$$

$$V_{out} \cong -g_{m4} V_{out1} \frac{1}{g_{ds2} + g_{ds4}}$$

且有
$$g_{m3} = g_{m4}$$

所以
$$V_{out} \cong -g_{m4}(-g_{m1} V_{in} \frac{1}{g_{m3}}) \frac{1}{g_{ds2} + g_{ds4}}$$

$$= \frac{g_{m1}}{g_{ds2} + g_{ds4}} V_{in}$$

$g_{m1} \sim g_{m4}$ 为 $M_1 \sim M_4$ 的跨导，g_{ds2} 和 g_{ds4} 分别为 M_2 和 M_4 的输出电导，输出电导越大，输出电流随漏源电压的变化越显著。

CMOS 差分放大器的小信号增益可估算为：

$$A \cong \frac{g_{m1}}{g_{ds2} + g_{ds4}}$$

2. 差分放大器-3dB 频率特性

采用 PMOS 电流镜作负载的差分集成放大器的输出电阻为：

$$R_{out} = r_{o2} // r_{o4}$$

其中 r_{o2} 和 r_{o4} 分别为 M_2 和 M_4 的输出电阻。当输出电容为 C_L 时，放大器的频率特性为：

$$\omega_{-3dB} = \frac{1}{R_{out} C_L} \Rightarrow f_{-3dB} = \frac{1}{2\pi R_{out} C_L}$$

由于放大器的小信号增益为：

$$A_v = g_{m1}(r_{o2} // r_{o4})$$

所以，当输出电容 C_L 固定不变时，如果要增大放大器的-3dB 频率 ω_{-3dB}，只能降低输出电阻 R_{out}，而这也会导致放大器的小信号增益 A_v 降低，因此我们需要对放大器的增益和带宽进行折中。

3. 差分放大器共模输入范围

采用 PMOS 电流镜作负载的差分集成放大器的共模输入范围（ICMR）为：

$$ICMR = [V_{IN,COM}(\min), V_{IN,COM}(\max)]$$

$$V_{IN,COM}(\min) = V_{GST5} + V_{GS1} = V_{GST5} + V_{GS2}$$

$$V_{IN,COM}(\max) = VDD - V_{SG3} + V_{TN1}$$

其中，$V_{IN,COM}$ 为共模输入电压，V_{GST} 为过驱动电压，下标的数字分别对应图 2.2.1 中的 $M_1 \sim M_5$。

4. 差分放大器的最大功耗

采用 PMOS 电流镜作负载的差分集成放大器的最大功耗为：

$$P_{diss} = VDD \times I_{DS5}$$

四、实验内容及步骤

请用 TSMC 0.25μm 工艺设计一个差分集成放大器,并要求该差分集成放大器满足如下条件。

(1) $f_{-3\text{dB}} \geqslant 1\text{MHz}(C_\text{L} = 2\text{pF})$;
(2) 放大器小信号电压增益 $A_\text{v} \geqslant 20$;
(3) 共模输入范围 ICMR=[0.8V,1.6V];
(4) 功耗 $P_\text{diss} \leqslant 0.5\text{mW}$。

注意:TSMC 0.25μm 工艺中的所有工艺参数可使用本章实验一中所测值。

步骤 1:根据功耗,计算最大电流。

$$P_\text{diss} = \text{VDD} \times I_\text{DS5} \Rightarrow I_\text{DS5} \leqslant \frac{P_\text{diss}}{\text{VDD}}$$

$$I_\text{DS5} \leqslant \frac{0.5\text{mW}}{2.5\text{V}} = 200\mu\text{A}$$

步骤 2:检查所选 M_5 的漏源电流 I_DS5 是否使输出电阻 R_out 满足频率要求。

$$f_{-3\text{dB}} = \frac{1}{2\pi R_\text{out} C_\text{L}}$$

$$R_\text{out} = r_\text{o2} // r_\text{o4} = \frac{1}{(\lambda_\text{n} + \lambda_\text{p})\frac{I_\text{DS5}}{2}} = \frac{1}{(0.13 + 0.17)\frac{I_\text{DS5}}{2}} \leqslant 79.6\text{k}\Omega$$

$$I_\text{DS5} \geqslant 84\mu\text{A}$$

所以请选择合适大小的 I_DS5 以便于 MOS 管尺寸的计算。

步骤 3:根据共模输入范围的最大值计算 PMOS 的 M_3 和 M_4 的宽长比。

$$V_\text{IN,COM}(\max) = \text{VDD} - V_\text{SG3} + V_\text{TN1}$$

$$1.6\text{V} = 2.5\text{V} - V_\text{SG3} + 0.43\text{V}$$

$$V_\text{SG3} = 1.33\text{V} = \sqrt{\frac{\frac{I_\text{DS5}}{2}}{\frac{K_\text{p}}{2}(\frac{W}{L})_\text{p}}} + |V_\text{TP}|$$

$$(\frac{W}{L})_3 = (\frac{W}{L})_4 = (\frac{W}{L})_\text{P}$$

其中,V_TP 为 PMOS 管的阈值电压。

步骤 4:根据小信号电压增益要求,计算 NMOS 的 M_1 和 M_2 的宽长比。

$$g_\text{m1}(r_\text{o2} // r_\text{o4}) = \frac{\sqrt{2K_\text{n}(\frac{W}{L})_\text{n} I_\text{DS1}}}{(\lambda_\text{n} + \lambda_\text{p})\frac{I_\text{DS5}}{2}} \geqslant 20$$

$$(\frac{W}{L})_1 = (\frac{W}{L})_2 = (\frac{W}{L})_n$$

步骤 5：根据共模输入电压最小值 $V_{\text{IN,COM}}(\min) = V_{\text{GST5}} + V_{\text{GS1}}$，可以计算 M_5 的尺寸。

$$0.8\text{V} = V_{\text{GST5}} + (\sqrt{\frac{2I_{\text{DS1}}}{K_n(\frac{W}{L})_1}}) + V_{\text{TN}} \Rightarrow V_{\text{GST5}}$$

$$(\frac{W}{L})_5 = \sqrt{\frac{2I_{\text{DS5}}}{K_n V_{\text{DS5}}^2(\text{sat})}}$$

步骤 6：重复上述步骤，直到满足所有设计指标要求。

CMOS 差分集成放大器的 Hspice 仿真参考程序如图 2.2.2 所示。

```
.title Amplifier Circuit

.OPTIONS LIST NODE POST
.lib "/home/chris/hspice/mix025_1.l" tt

M1 out1 in ss gnd nch L=0.5u w=
M2 out ref ss gnd nch L=0.5u w=
M3 out1 out1 dd dd pch L=0.5u w=
M4 out out1 dd dd pch L=0.5u w=
M5 ss bias gnd gnd nch L=0.5u w=

VDD dd gnd 2.5
Vref ref gnd 1.2
vbias bias gnd 0.91
vin in gnd ac 1 sin(1.2 0.001 1000k)
cload out gnd 2pf

.op
.ac dec 10 1 2g
.tran 0.001M 0.005M

.print TRAN V(out) I(M5)
.print AC Vdb(out) Vp(out)

.end
```

图 2.2.2　CMOS 差分集成放大器的 Hspice 仿真参考程序

相关仿真计算结果如图 2.2.3～图 2.2.5 所示。

```
****** operating point information tnom= 25.000 temp= 25.000 *****
***** operating point status is all       simulation time is    0.
   node    =voltage      node    =voltage      node    =voltage

+0:bias   = 910.0000m  0:dd     =    2.5000  0:in     =    1.2000
+0:out    =    1.4627  0:out1   =    1.4627  0:ref    =    1.2000
+0:ss     =  452.5236m

**** voltage sources
subckt
element  0:vdd      0:vref     0:vbias    0:vin
volts      2.5000     1.2000   910.0000m    1.2000
current -204.2263u   0.         0.          0.
power    510.5657u   0.         0.          0.

    total voltage source power dissipation=  510.5657u     watts
```

图 2.2.3　功耗 0.5mW

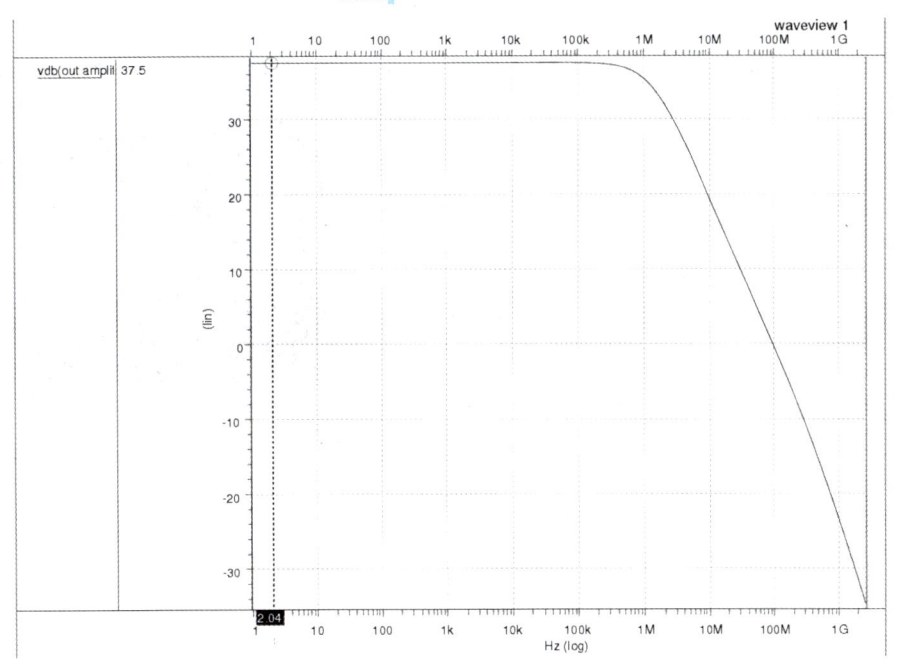

图 2.2.4　小信号电压增益 37.5 dB

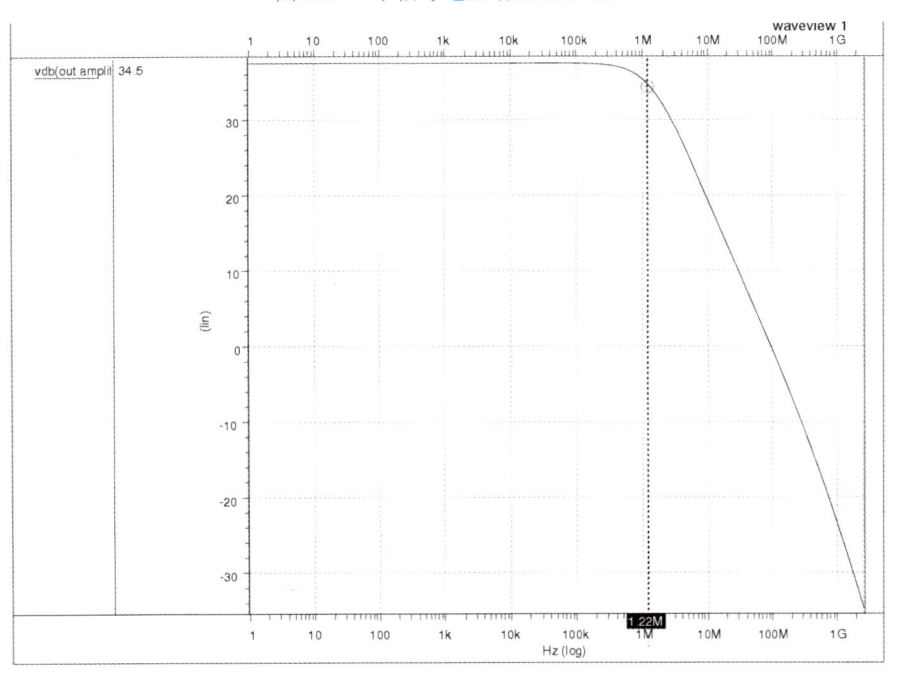

图 2.2.5　−3dB 带宽 1.22 MHz

通过 ICMR 测试电路（图 2.2.6）测试的结果如图 2.2.7 和图 2.2.8 所示。

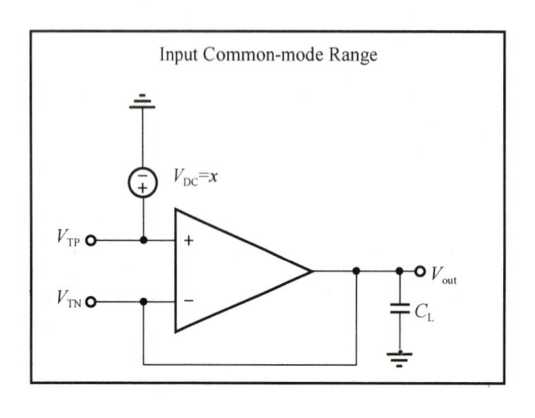

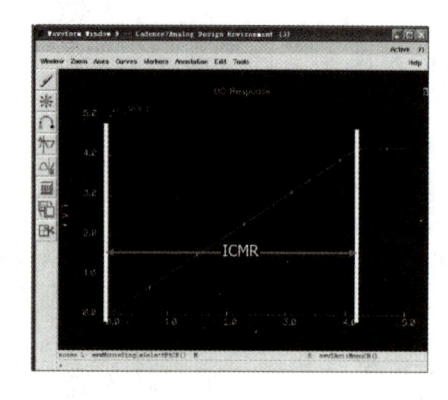

图 2.2.6　ICMR 测试电路

图 2.2.7　共模输入范围

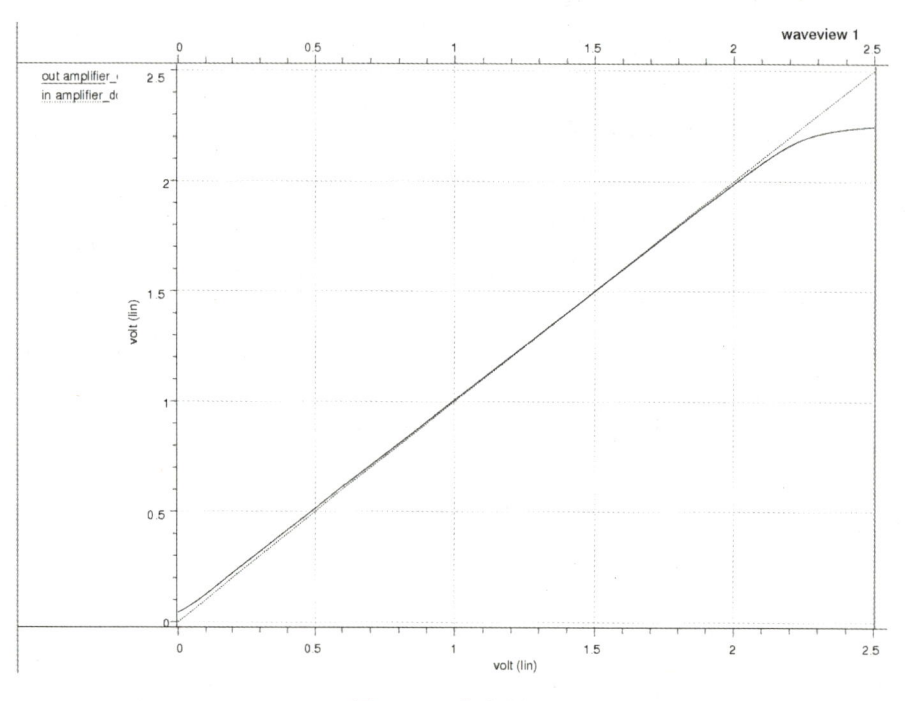

图 2.2.8　增益范围

五、思考题

怎样可以在不改变电路结构的情况下提高增益，频率特性会如何变化？

实验三　两级运算放大器设计

一、实验目的

（1）学习和掌握两级运算放大器的基本原理及其应用。
（2）熟练掌握两级运算放大器的设计步骤和仿真方法。

二、实验仪器

计算机；Hspice 仿真软件。

三、实验原理

共源共栅运算放大器提供的增益和输出摆幅均不满足要求，为此需要采用两级运算放大器结构来解决这一问题。在这种结构中，第一级运算放大器负责提供高增益，第二级运算放大器则负责提供大的摆幅。与共源共栅运算放大器相反，这种两级运算放大器结构把增益和摆幅的要求进行了分开处理，从而更有效地满足各自的要求。

四、实验内容及步骤

用 TSMC 0.25μm 工艺设计一个 CMOS 两级运算放大器。要求该放大器满足如下条件。
（1）小信号增益 $A_v \geqslant 3000$；
（2）功耗 $P_{diss} \leqslant 0.2mW$；
（3）GBW=5MHz（C_L=2pF）；
（4）相位裕度=60°；
（5）共模输入范围 ICMR=[0.7V，1.7V]。
注意：TSMC 0.25μm 工艺参数均采用本章实验一所测值。
设计电路结构图如图 2.3.1 所示。
步骤一：计算使放大器满足所有设计指标的 MOS 管尺寸（长和宽）。
（1）所有管子的长 L=0.25μm。
（2）由于要求相位裕度为 60°，即

$$\frac{g_{m6}}{C_C} \geqslant 10\frac{g_{m1}}{C_C} \Rightarrow g_{m6} \geqslant 10g_{m1}$$

$$\frac{g_{m6}}{C_L} \geqslant 2.2\frac{g_{m1}}{C_C}$$

综合以上两式可得：$C_C \geqslant 0.22C_L = 0.44pF$，这里取 C_C=0.5pF。
（3）根据给定的转换速率 SR 和上面确定的 C_C，我们可以确定 I_5，即

$$SR = \frac{I_5}{C_C} \Rightarrow I_5 = SR \times C_C = 20 \times 0.5 = 10（μA）$$

所以 I_5 的最小值为 10μA，这里我们取 I_5=10μA。

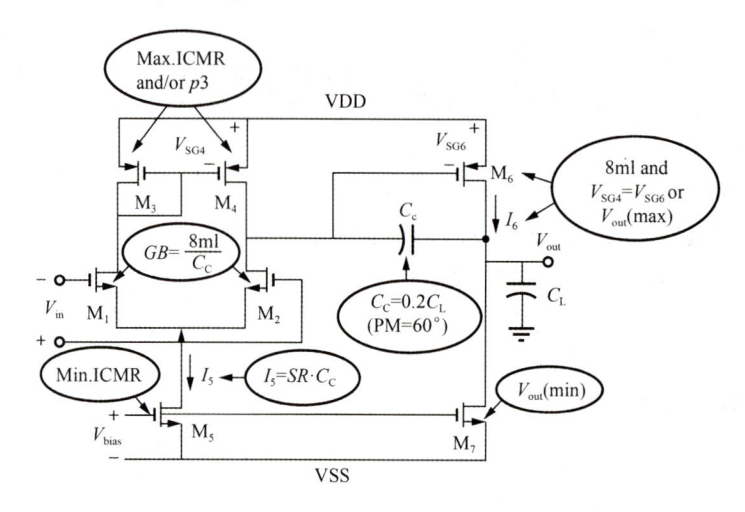

图 2.3.1　CMOS 两级运算放大器设计电路结构图

（4）由共模电压的最大值（$V_{cm,max}$）可以确定 M_3 和 M_4 管的尺寸，即

$$\left(\frac{W}{L}\right)_3 = \left(\frac{W}{L}\right)_4 = \frac{I_5}{K_P(VDD - V_{cm,max} + V_{TN1} - |V_{TN3}|)^2}$$

此时，M_3 和 M_4 的跨导为：

$$g_{m3} = g_{m4} = \sqrt{2K_P\left(\frac{W}{L}\right)_3 I_3}$$

（5）确定 g_{m1}。

$$g_{m1} = 2\pi GBW \times C_C = 6.28 \times 5 \times 10^6 \times 0.5pF = 15.7 \times 10^{-6}S$$

由跨导 g_{m1} 可进一步确定 M_1 管的尺寸，即

$$\left(\frac{W}{L}\right)_1 = \frac{g_{m1}^2}{2K_n I_1} = \frac{g_{m1}^2}{K_n I_5}$$

（6）由共模电压最小值（$V_{cm,min}$）确定 M_5 的尺寸：

$$\left(\frac{W}{L}\right)_5 = \frac{2I_5}{K_n\left(V_{cm,min} - V_{TN1} - \sqrt{\frac{I_5}{K_n\left(\frac{W}{L}\right)_1}}\right)^2}$$

（7）下面我们设计二级放大器部分的共源放大级，同时确定 g_{m6}。

由前面我们知道 $g_{m6} \geqslant 10g_{m1}$，我们取 $g_{m6} = 100g_{m1} = 157 \times 10^{-6}S$，又因为 M_3 和 M_4 以电流镜方式连接，静态时满足 $I_3 = I_4$，且 $V_{DS3} = V_{GS3} = V_{GS4} = V_{DS4} = V_{GS6}$，所以可以得到：

$$(W/L)_4 / (W/L)_6 = g_{m4}/g_{m6} \Rightarrow (W/L)_6 = (W/L)_4 \frac{g_{m6}}{g_{m4}}$$

此时，M_6 管的直流电流为：

$$I_6 = \frac{(W/L)_6}{(W/L)_4} \times \frac{I_5}{2}$$

（8）接着我们求 M_7 管的尺寸。由于 $I_7 = I_6$，且 $V_{GS5} = V_{GS7}$，则有：

$$(W/L)_7 / (W/L)_5 = I_{D6}/I_{D5} \Rightarrow \left(\frac{W}{L}\right)_7 = \frac{I_6}{I_5} \times \left(\frac{W}{L}\right)_5$$

步骤二：对用计算所获得的 NMOS 和 PMOS 的尺寸，通过 Hspice 进行仿真验证。由图 2.3.2 和图 2.3.3 可知，电压增益为 71.4dB 和 GBW 为 5.7MHz 均满足设计要求。

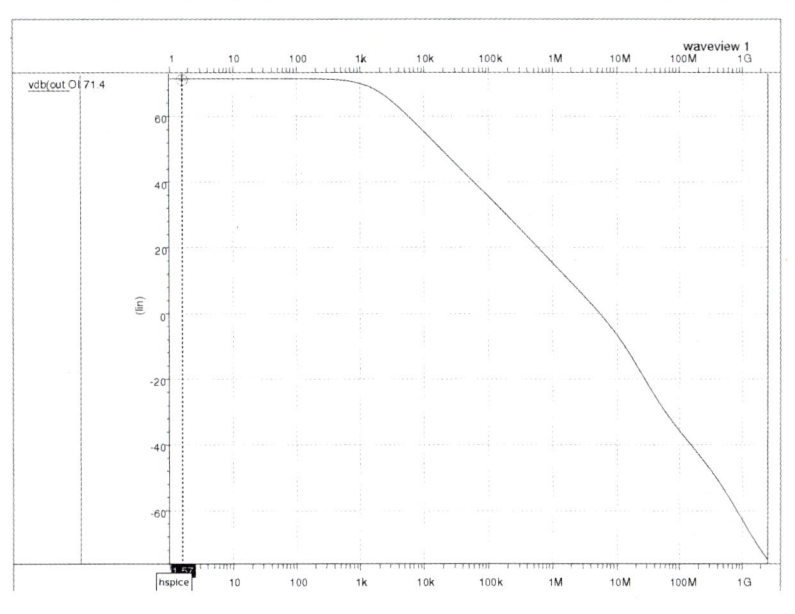

图 2.3.2　电压增益为 71.4dB

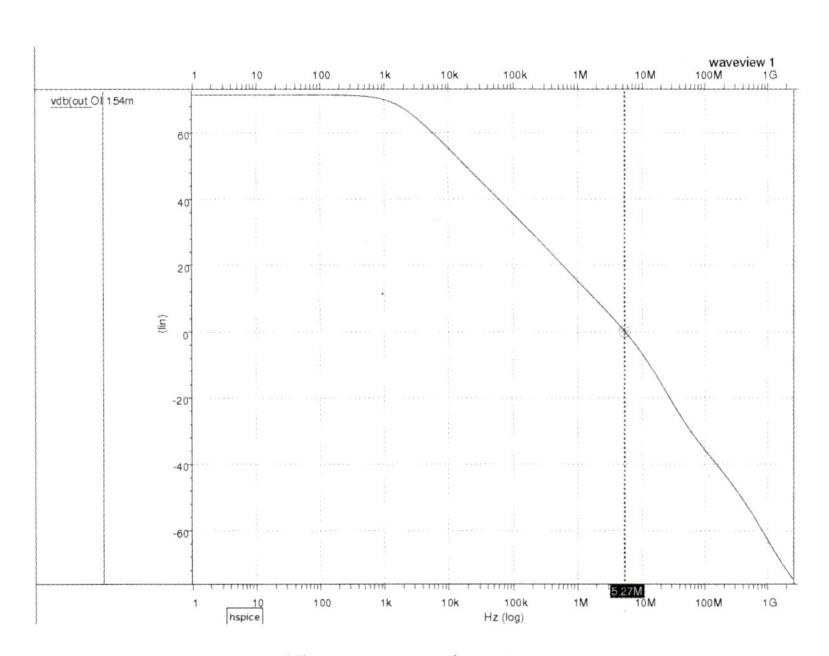

图 2.3.3　GBW 为 5.7MHz

相位裕度如图 2.3.4 所示。

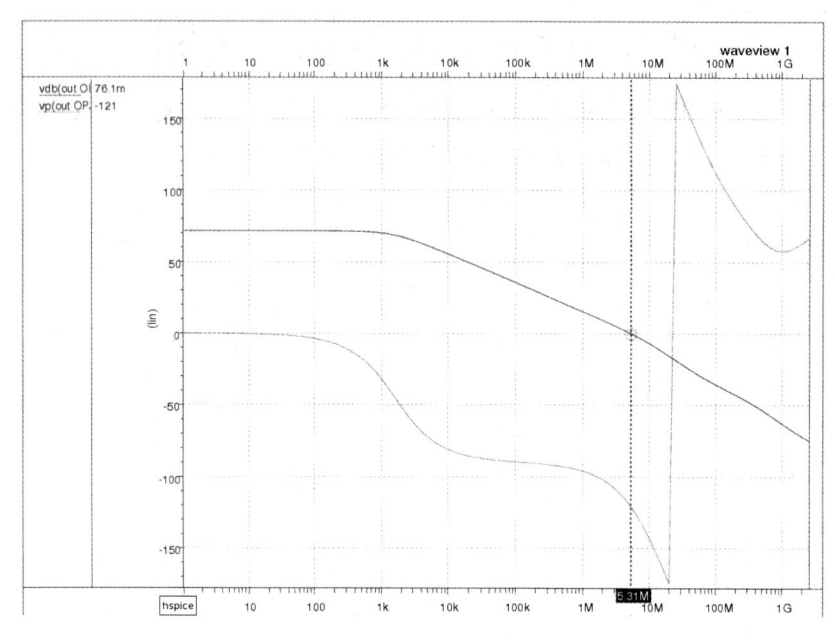

图 2.3.4　相位裕度为 59°

ICMR 测试结果如图 2.3.5 所示。

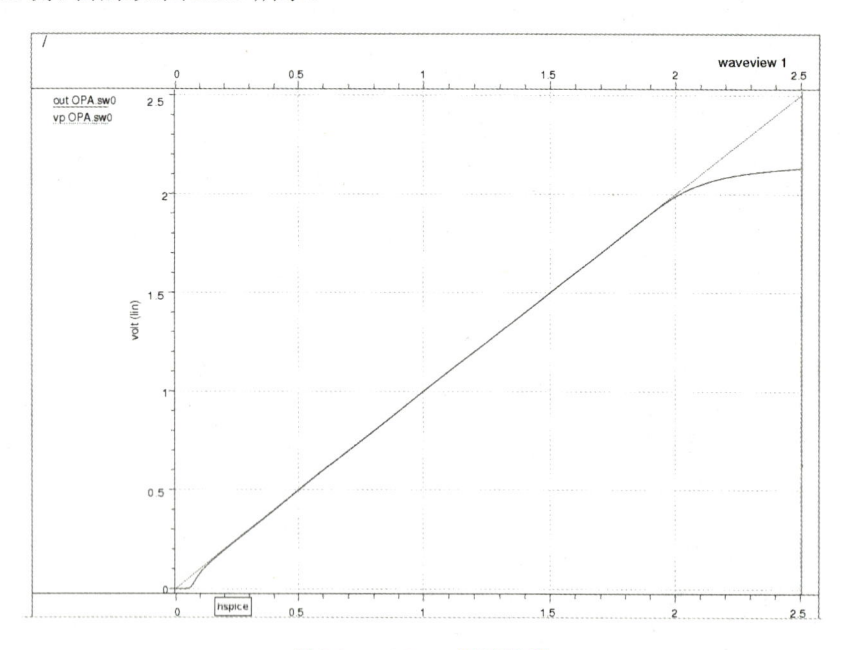

图 2.3.5　ICMR 测试结果

所求功耗为 0.173mW，满足设计要求，如图 2.3.6 所示。
本次设计参考电路网表如图 2.3.7 所示。

```
**** voltage sources
subckt                                    x1
element  0:vvdd    0:vcm      0:vdm      1:vbias
volts    2.5000    1.2000     0.         700.0000m
current  -69.3261u 0.         0.         0.
power    173.3154u 0.         0.         0.

    total voltage source power dissipation=  173.3154u     watts
```

```
.title two stage Operatinal Amplifier Circuit
.OPTIONS LIST NODE POST
.lib "/home/chris/hspice/mix025_1.l" tt
************two stage opa*************
.SUBCKT opa  vdd gnd vp vn out
M1 2 vn    1    gnd nch L=2u w=
M2 3 vp    1    gnd nch L=2u w=
M3 2 2     vdd vdd pch L=1u w=
M4 3 2     vdd vdd pch L=1u w=
M5 1 bias  gnd gnd nch L=1u w=
Vbias bias gnd dc 0.7v
M6 out 3 vdd vdd pch L=1u w=
M7 out bias gnd gnd nch L=1u w=
C1 out 3 0.55pf
.ends

************test bench*************
X1 vdd 0 vp vn out opa
VVDD vdd 0 dc 2.5v
VCM  vp  0   dc 1.2v
VDM  vp  VN  ac 1v sin(0 0.001 1000k)
cload out 0 2pf

************simulation*************
.op
.ac dec 10 1 2g
.tran 0.001M 0.005M
*.dc VCM 0 2.5 0.01
.print TRAN V(out) I(opa)
.print AC Vdb(out) Vp(out)
*.print DC V(out)
.end
```

图 2.3.6　功耗为 0.173mW   图 2.3.7　两级放大器电路网表

五、思考题

密勒补偿电容 C_C 对电路的性能有何影响，增加 C_C，电路的第二个极点会怎样变化？

第 3 章

数字集成电路设计实验

实验一　数据选择器设计

一、实验目的

学习 QuartusII 软件的使用，掌握文本输入方法及其编译、仿真等 VHDL 设计技术。QuartusII VHDL 文本输入设计方法见附录 B。

二、实验仪器

计算机；QuartusII 软件；EDA 实验开发板。

三、实验原理

QuartusII 软件设计流程包括建立工程、设计输入、编译综合、仿真验证、引脚配置、下载编程等。可编程逻辑设计应按照流程实施，设计时应注意以下几点：①工程目录名及所在路径中不能有中文；②一个文件夹中不允许有多个工程存在；③VHDL 中的顶层实体名要与工程名一致。

多路选择器原理：在通道选择信号的作用下，将多个通道的数据分时传送到公共的数据通道上去。2 选 1 多路选择器符号和电路如图 3.1.1、图 3.1.2 所示。

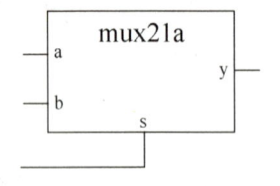

图 3.1.1　2 选 1 多路选择器符号 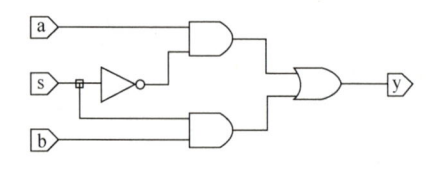　　图 3.1.2　2 选 1 多路选择器电路

VHDL 代码如下。

```
LIBRARY IEEE ;
USE IEEE.STD_LOGIC_1164.ALL ;
```

```
ENTITY mux21a IS
  PORT ( a,b : IN BIT; s : IN BIT; y : OUT BIT );
END ENTITY mux21a;
ARCHITECTURE behav OF mux21a IS
 BEGIN
   PROCESS (a,b,s)
    BEGIN
     IF s = '0'  THEN  y <= a; ELSE  y <= b; END IF;
END PROCESS;
END ARCHITECTURE behav ;
```

四、实验内容

（1）安装使用 QuartusII 软件和器件库，注意严格按照教程安装，不要轻易更改安装目录。

（2）学习使用 QuartusII 软件，包括工程的建立，程序编辑、软件编译、波形编辑、仿真分析等必要过程。注意：工作目录名中不能有中文，一个文件夹中只能建立一个工程。

（3）编写程序，学习注释语句，说明各语句的含义以及整体功能。在 QuartusII 上对程序进行编辑、编译、综合，再观察 RTL 图，仿真出逻辑波形。参考的仿真结果如图 3.1.3 所示。

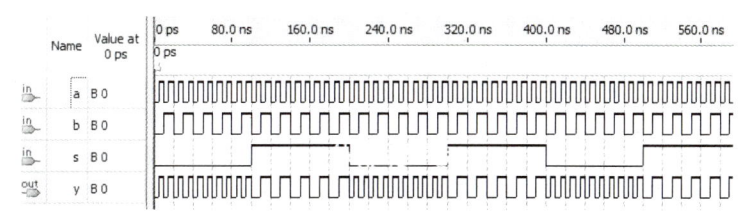

图 3.1.3　参考仿真结果

（4）选择合适的开发板资源进行引脚配置、再编译、下载，然后运行。观察结果是否与预定设计一致。

五、实验报告

根据以上实验内容写出实验报告，内容包括整个实验过程。根据实验报告版面适当对实验结果进行归纳总结，插入仿真波形图等。

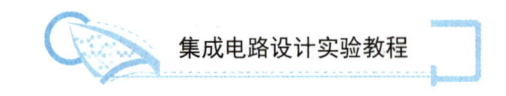

实验二 译码器设计

一、实验目的

（1）熟练掌握 QuartusII 软件的使用。
（2）学会元件例化，设计并实现七段译码器。
（3）掌握七段码动态显示原理。

二、实验仪器

计算机；QuartusII 软件；EDA 实验开发板。

三、实验原理

常见的译码器有 3-8 译码器、七段译码器等。本实验使用 VHDL 语言设计一个七段译码器。七段译码器真值表（共阴极）见表 3.2.1。

表 3.2.1 七段译码器真值表（共阴极）

数据输入	七段码输出（abcdefg）	显示	数据输入	七段码输出（abcdefg）	显示
0000	1111110	0	0110	1011111	6
0001	0110000	1	0111	1110000	7
0010	1101101	2	1000	1111111	8
0011	1111001	3	1001	1111011	9
0100	0110011	4	其他	0000000	消隐
0101	1011011	5	—	—	—

七段译码器用于驱动七段数码管显示数字。

数码管分为共阳和共阴两种类型。所谓共阳，就是在内部将一个数码管里的所有发光二极管的阳极连在一起，然后将这个脚引出。共阴也是一样的，只不过是将所有二极管的阴极连在一起。数码管结构原理如图 3.2.1 所示。

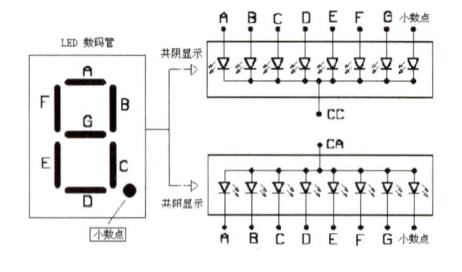

图 3.2.1 数码管结构原理

我们在实际应用时，用到的往往是多个数码管。为了减少引脚占用资源，一般将多个数码管封装在一起，称为多位数码管。其八段码（七段码加小数点）全部并联，而每个数码管的共用端分别引出作为位选信号。比如对于一个四位数码管，八段码加上四个位选信号，总共十二个引脚就可实现硬件连接。尽管多位数码管的八段码全部并联，但是四个数码管却可以显示不同的数字，这里用到的是动态扫描原理。比如要让四个数码管分别显示"1234"，可以这么做：当段码输出表示数字"1"时，控制数码管 1 的位选信号导通，其余数码管位选信号不导通，这样只有数码管 1 能显示"1"，其余数码管不点亮。紧接着，段码输出数字"2"，控制数码管 2 的位选信号导通，其余数码管位选信号不导通，这样只有数码管 2 能显示"2"，其余数码管不点亮。同理，可以依次让数码管 3 显示"3"、数码管 4 显示"4"。这样一直循环，只要循环的速度高于人眼的视觉暂留时间（约 0.1s），人眼就不会感到这些数码管是在轮流点亮的，而感觉是同时点亮。

一个四位数码管的动态扫描译码显示参考程序如下。

VHDL 主程序如下。

```vhdl
library ieee;
use ieee.std_logic_1164.all;
entity shuma7seg is
  port(clk_10ns:in std_logic;                  --时钟
       data_in:in std_logic_vector(15 downto 0);   --4 个输入数据,1 个占 4 位
       com:out std_logic_vector(3 downto 0);   --数码管段码输出
       data_out:out std_logic_vector(7 downto 0));  --数码管段码输出
end shuma7seg;
architecture behave of shuma7seg is
signal d_out1,d_out10,d_out100,d_out1000:std_logic_vector(7 downto 0);
signal clk_100ns:std_logic;              --用于动态显示扫描的时钟
signal cnt:integer range 0 to 3;         --扫描计数器
component decode7se is
  port(  clk:in std_logic;               --时钟
       d_in:in std_logic_vector(3 downto 0);   --数码管段码输入
       d_out:out std_logic_vector(7 downto 0));  --数码管段码输出
end component;
begin
decode_1:decode7se port map            --第 4 位译码
  (  clk=>clk_10ns,  d_in=>data_in(3 downto 0),d_out=>d_out1);
decode_10:decode7se port map           --第 3 位译码
  (  clk=>clk_10ns,  d_in=>data_in(7 downto 4),d_out=>d_out10);
decode_100:decode7se port map          --第 2 位译码
  (  clk=>clk_10ns,  d_in=>data_in(11 downto 8),d_out=>d_out100);
decode_1000:decode7se port map         --第 1 位译码
  (  clk=>clk_10ns,  d_in=>data_in(15 downto 12),d_out=>d_out1000);
clk_100:process(clk_10ns)              --分频产生 100ns 时钟,用于扫描
  variable cnt:integer range 0 to 5;
  begin
    if rising_edge(clk_10ns) then
      if cnt=5 then clk_100ns<=not clk_100ns; cnt:=0;
```

```vhdl
            else cnt:=cnt+1;     end if;
        end if;
    end process;
Display:process(clk_100ns,d_out1,d_out10,d_out100,d_out1000)
 begin
    if rising_edge(clk_100ns) then
        case cnt is                        --循环扫描
            when 0=> com<="0111";data_out<=d_out1000;  --千位
            when 1=> com<="1011";data_out<=d_out100;   --百位
            when 2=> com<="1101";data_out<=d_out10;    --十位
            when 3=> com<="1110";data_out<=d_out1;     --个位
            when others=> com<="1111";                 --全灭
        end case;
          if cnt<3 then cnt<=cnt+1; else cnt<=0; end if;
        end if;
    end process;
end behave;
```

七段译码 VHDL 程序如下。

```vhdl
library ieee;
use ieee.std_logic_1164.all;
entity decode7se is
 port(  clk:in std_logic;                      --时钟
        d_in:in std_logic_vector(3 downto 0);
        d_out:out std_logic_vector(7 downto 0));  --数码管段码输出
end decode7se;
architecture behave of decode7se is
begin
 process(clk,d_in)
  begin
    if rising_edge(clk) then
        case d_in is
            when X"0"=> d_out<=X"fc";--0 的 7 段码（加小数点 8 段）
            when X"1"=> d_out<=X"60";--1 的 7 段码（加小数点 8 段）
            when X"2"=> d_out<=X"da";--2 的 7 段码（加小数点 8 段）
            when X"3"=> d_out<=X"f2";--3 的 7 段码（加小数点 8 段）
            when X"4"=> d_out<=X"66";--4 的 7 段码（加小数点 8 段）
            when X"5"=> d_out<=X"b6";--5 的 7 段码（加小数点 8 段）
            when X"6"=> d_out<=X"be";--6 的 7 段码（加小数点 8 段）
            when X"7"=> d_out<=X"e0";--7 的 7 段码（加小数点 8 段）
            when X"8"=> d_out<=X"fe";--8 的 7 段码（加小数点 8 段）
            when X"9"=> d_out<=X"f6";--9 的 7 段码（加小数点 8 段）
            when others=> d_out<=X"00";           --消隐
        end case;
    end if;
```

```
        end process;
    end behave;
```

四、实验内容

（1）建立工程，工程名为 shuma7seg，并创建 VHDL 主程序和七段译码 VHDL 程序。

（2）编译无错误后，建立仿真波形文件。加载待仿真的输入输出端口信号。将输入时钟 clk_10ns 设置为 B 0，输入数据 data_in 设置为十六进制 1234。数据格式可在波形界面待设置数据的信号名上右击，在弹出的菜单中选择"Radix 设置"选项，设置 Hexadecimal 为 16 进制。运行仿真，参考波形如图 3.2.2 所示。

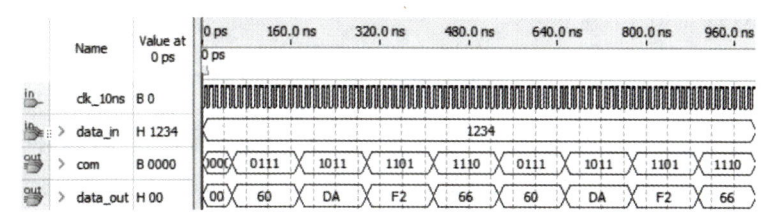

图 3.2.2　参考波形

（3）选择合适的开发板资源进行引脚配置、再编译、下载，然后运行。观察结果是否与预定设计一致。

五、实验报告

根据以上实验内容写出实验报告，内容包括整个实验过程。根据实验报告版面适当对实验结果进行归纳总结，插入仿真波形图等。

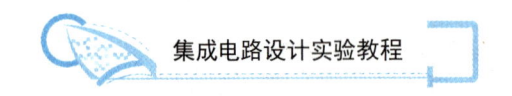

实验三 4 位全加器设计

一、实验目的

（1）学习 QuartusII 软件的使用。
（2）掌握原理图输入方法和 VHDL 模块化设计技术。

二、实验仪器

计算机；QuartusII 软件。

三、实验原理

全加器包含 2 个待加输入数据、一个进位输入数据、一个进位输出数据、一个求和输出数据。全加器结构框图如图 3.3.1 所示。名为 fadder 的全加器的 VHDL 描述如下。

```
LIBRARY ieee;
USE ieee.std_logic_1164.all;
ENTITY fadder IS
PORT ( a,b,ci:in std_logic;  co,sum:out std_logic);
END fadder;
ARCHITECTURE a of fadder IS
BEGIN
   sum <= a xor b xor ci;
   co<=(a and b) or (b and ci) or (a and ci);
END a;
```

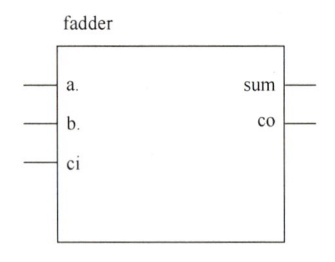

图 3.3.1 全加器结构框图

展开 QuartusII 软件左边的 Project Navigator 栏的 Files 文件夹，选中 1 位全加器 VHDL 文件，右击并选择 Create Symbol Files for Current File 选项，由当前文件创建原理图符号，如图 3.3.2 所示。

QuartusII 软件支持使用原理图符号绘制逻辑电路原理图。在新建文件面板中，选择 Block Diagram/Schematic File 选项新建原理图文件。在原理图文件工具栏中，选择 ⊕/Project 选项，可以看到刚才创建的 1 位全加器原理图符号，如图 3.3.3 所示。

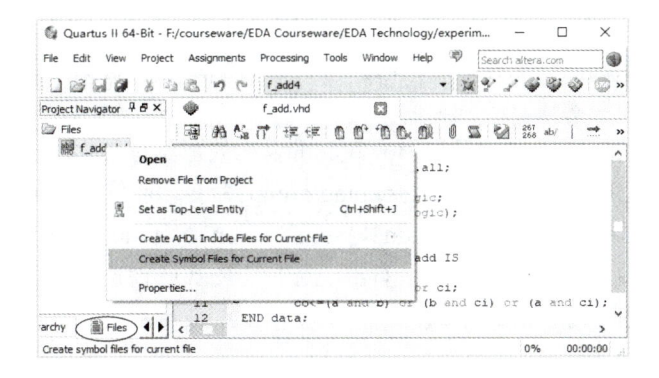

图 3.3.2　创建原理图符号

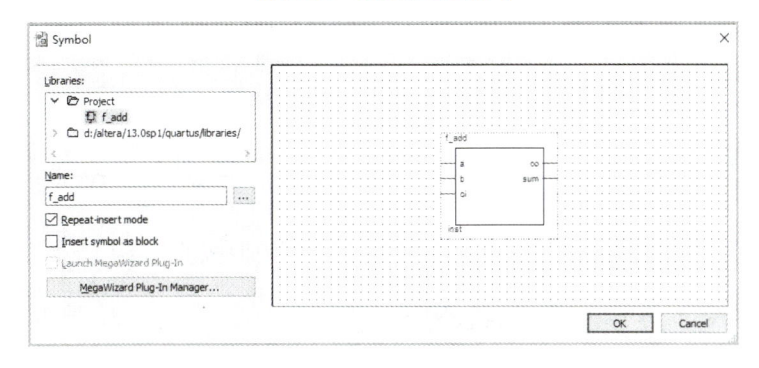

图 3.3.3　创建好的原理图符号

选择上述全加器符号，在原理图中添加四个该符号，并在工具栏中单击 按钮绘制输入和输出端口，然后连线组成四位全加器，如图 3.3.4 所示。

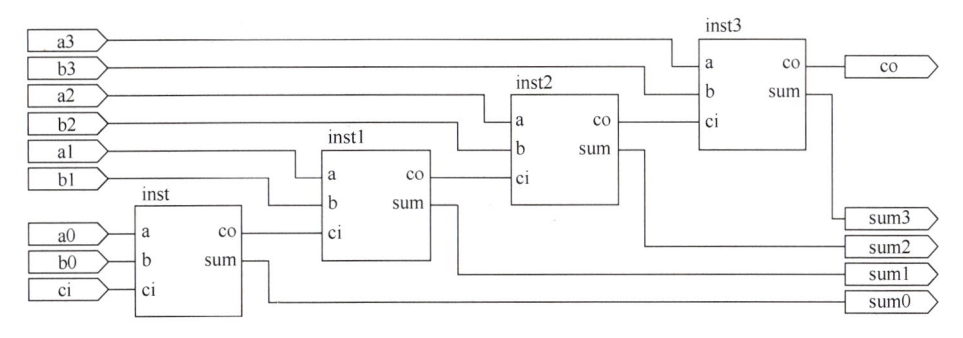

图 3.3.4　四位全加器

四、实验内容

（1）新建工程，并新建一个 VHDL 文本文件（因为此 VHDL 中的实体不是顶层实体，所以文件名与里面的实体名不要和工程名相同），再写入上面 1 位全加器的内容，由此创建一个 1 位全加器的原理图符号。

（2）在工程中新建一个原理图文件，并使用 1 位全加器原理图符号绘制如图 3.3.4 所示的四位全加器原理图。保存原理图时其文件名将默认和工程名一致，原理图文件也将被系统自动设置为顶层实体。

（3）编译无错误后，建立仿真波形文件。可以在波形文件界面同时选择 a3、a2、a1、a0，并按照此高低位顺序，右击选择/grouping/group 命令，将它们组合成四位位矢量 *a*，方便观察结果。b3、b2、b1、b0 和 sum3、sum2、sum1、sum0 都可以同样操作。还可以在波形界面中的待设置数据的信号名上右击，选择"Radix 设置"选项，设置数据显示格式为无符号十进制数，方便观察结果。运行仿真，观察波形数据。四位全加器参考仿真数据如图 3.3.5 所示。

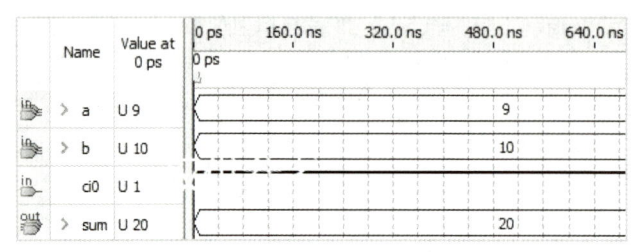

图 3.3.5　四位全加器参考仿真数据

五、实验报告

根据以上实验内容写出实验报告，内容包括整个实验过程。根据实验报告版面适当对实验结果进行归纳总结，插入仿真波形图和 RTL 图。

实验四　同步计数器

一、实验目的

（1）进一步熟悉 QuartusII 软件的 VHDL 设计方法。
（2）学习时序电路设计方法，学会根据功能表描述用 VHDL 语言设计时序电路。

二、实验仪器

计算机；QuartusII 软件。

三、实验原理

同步计数器功能可以通过"+"（递增计数）和"-"（递减计数）函数轻松实现。用 VHDL 语言描述一个计数器时，如果使用了程序包 ieee.std_logic_unsigned，则在描述计数器时就可以使用其中的函数"+"和"-"。

在时钟边沿检测之前进行计数器的复位信号检测，可实现异步复位。

SN74LVC161 4 位同步二进制计数器，具有异步清零、并行数据的同步预置等功能。SN74LVC161 的功能如表 3.4.1 所示（*表示进位条件，即 TC=CET×Q3×Q2×Q1×Q0）。

表 3.4.1　SN74LVC161 功能表

输入									输出				
清零	预置	计数使能		时钟	预置数据输入				计数				进位
CR	PE	CEP	CET	CP	D3	D2	D1	D0	Q3	Q2	Q1	Q0	TC
L	×	×	×	×	×	×	×	×	L	L	L	L	L
H	L	×	×	↑	D30	D20	D10	D00	D3	D2	D1	D0	*
H	H	L	×	×	×	×	×	×	锁存				*
H	H	×	L	×	×	×	×	×	锁存				L
H	H	H	H	↑	×	×	×	×	计数				*

从表中可以看出，CR 优先级最高，PE 次之。按照双进程方法，典型 VHDL 代码如下。

```
Library IEEE;
Use IEEE.std_logic_1164.all;
Use IEEE.std_logic_unsigned.all;
Entity LS161   is
Port (CR, PE, CEP,CET,CP: in std_logic;
   d: in std_logic_vector (3 downto 0);
    TC:out std_logic;
     Q: out std_logic_vector (3 downto 0));
End LS161;
```

```vhdl
Architecture behav of LS161 is
signal next_Q,pre_Q:std_logic_vector(3 downto 0);
Begin
p1:Process(CR,CP)
  Begin
    if CR='0' then pre_Q<=(Others=>'0');        --异步清零
    elsif rising_edge(CP) then pre_Q<=next_Q;--引入寄存器（触发器）
  end if;
End process;
p2:Process(PE, CEP,CET,d,pre_Q)
  Begin
    if PE='0' then  next_Q<=d;                  --预置数
    elsif (CEP AND CET)='0' then next_Q<=pre_Q;  --锁存
    else  next_Q<=pre_Q+1;    --重载函数"+"实现同步二进制加计数
     end if;
    TC<=(CET and pre_Q(0) and pre_Q(1) and pre_Q(2) and pre_Q(3)); --进位逻辑
    Q<=pre_Q;
  End process;
End behav;
```

四、实验内容

用 VHDL 语言描述的 SN74LVC161 4 位同步二进制计数器，具有异步清零，并行数据的同步预置、锁存和进位功能。可参考以上程序或自编程序对其进行编译和仿真。

五、实验报告

写出 VHDL 程序代码，软件编译、仿真分析等详细实验过程，并插入仿真波形图和 RTL 图。

实验五　数控分频器的设计

一、实验目的

学习数控分频器的设计、分析和测试方法。

二、实验仪器

计算机；QuartusII 软件；EDA 实验开发板。

三、实验原理

数控分频器的功能就是当在输入端给定不同输入数据时，对输入的时钟信号进行相应的分频处理。下面的参考程序中的数控分频器就是基于具有可并行预置功能的加法计数器设计完成的，即将计数溢出位与预置数加载输入信号相接即可。

参考程序如下。

```vhdl
LIBRARY IEEE;
USE IEEE.STD_LOGIC_1164.ALL;
USE IEEE.STD_LOGIC_UNSIGNED.ALL;        --"+"重载函数程序包
ENTITY fre_div IS
    PORT (  CLK : IN STD_LOGIC;
            D : IN STD_LOGIC_VECTOR(7 DOWNTO 0);
            FOUT : OUT STD_LOGIC );
END;
ARCHITECTURE one OF fre_div IS
    SIGNAL  over : STD_LOGIC;
BEGIN
 P_REG: PROCESS(CLK)
  VARIABLE CNT : STD_LOGIC_VECTOR(7 DOWNTO 0);
  BEGIN
    IF CLK'EVENT AND CLK = '1' THEN     --检测到时钟信号的上升沿
        IF CNT="11111111"  THEN         --当CNT8计数计满时
            CNT := D;                   --将CNT同步预置为D
        ELSE CNT := CNT + 1;            --"+"函数实现加计数
        END IF;
    END IF;
    if CNT="11111111" then over <= '1';
    else over <= '0';end if;            --溢出标志，"1"为溢出
 END PROCESS P_REG ;
 P_DIV: PROCESS(over)
   VARIABLE CNT2 : STD_LOGIC;
  BEGIN
```

```
        IF over'EVENT AND over = '1'
          THEN  CNT2 := NOT CNT2;           --CNT2 二分频输出对称时钟
          END IF;
          FOUT <=CNT2;
      END PROCESS P_DIV ;
    END;
```

四、实验内容

（1）根据图 3.5.1 的参考仿真结果编写程序，分析各语句功能、设计原理、逻辑功能，并详述进程 P_REG 和 P_DIV 的作用。

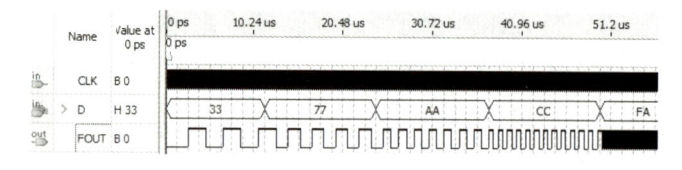

图 3.5.1　参考仿真结果

图 3.5.1 中，当给出不同输入值 D 时，FOUT 会输出不同频率（CLK 周期= 10ns）。

（2）输入不同的 CLK 时钟频率和预置值 D，并输出时序波形。

（3）自选一种模式完成电路的硬件测试。

五、实验报告

根据以上要求进行分析设计，将仿真和测试过程及相关结果写入实验报告。生成的 RTL 图如图 3.5.2 所示。

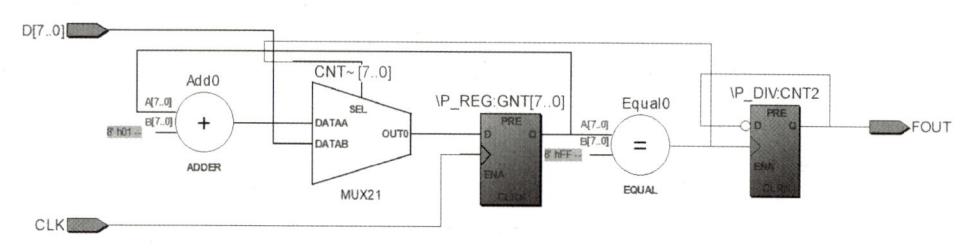

图 3.5.2　生成的 RTL 图

实验六 音乐播放器的设计

一、实验目的

进一步学习数控分频器的设计及应用，掌握音乐播放器中音乐产生原理。

二、实验仪器

计算机；QuartusII 软件；EDA 实验开发板。

三、实验原理

如果 FPGA 输出按照音调变化的方波信号，驱动蜂鸣器便可以发出不同音调的声音。每个音调都是一个固定频率的振动，频率的高低决定了音调的高低。简谱中的音名与频率的对应关系如表 3.6.1 所示。

表 3.6.1 简谱中的音名与频率的对应关系

音名	频率/Hz	音名	频率/Hz	音名	频率/Hz
低音 1	261.6	中音 1	523.3	高音 1	1046.5
低音 2	293.7	中音 2	587.3	高音 2	1174.7
低音 3	329.6	中音 3	659.3	高音 3	1318.5
低音 4	349.2	中音 4	698.5	高音 4	1396.9
低音 5	392.0	中音 5	784.0	高音 5	1568.0
低音 6	440.0	中音 6	880.0	高音 6	1760.0
低音 7	493.9	中音 7	987.8	高音 7	1975.5

当采用 100k 作为基准时钟时，各个音调的分频系数可按这个公式计算：100000÷音调频率。由此得出如表 3.6.2 所示的简谱中音的十六进制分频系数。其他音符可同理计算。

表 3.6.2 简谱中音的十六进制分频系数

音名	中音 1	中音 2	中音 3	中音 4	中音 5	中音 6	中音 7
频率/Hz	523.3	587.3	659.3	698.5	784.0	880.0	987.8
分频系数	191	170	151	143	127	113	101
16 进制	BF	AA	97	8F	7F	71	65

根据乐曲选择不同分频比输出到蜂鸣器，就可以播放音乐了。

分频 VHDL 程序如下。

```
library ieee;
use ieee.std_logic_1164.all;
use ieee.std_logic_unsigned.all;
```

```
entity gen_div is
 port(clk:in std_logic;
       div_fre:in std_logic_vector(7 downto 0);
         bclk:out std_logic);
end gen_div;
architecture behave of gen_div is
signal tmp:std_logic;
signal cnt:std_logic_vector(7 downto 0);
begin
 process(clk)
 begin
     if rising_edge(clk) then
       if div_fre="00" then tmp<='0';--确保分频比为 0 时蜂鸣器不响
         else
          if cnt='0'&div_fre(7 downto 1)-1 then    tmp<=not tmp;cnt<="00000000";
             else cnt<=cnt+1; end if;
          end if;
       end if;
 end process;
 bclk<=tmp;
end behave;
```

以下是 VHDL 主程序,作用是可以播放一段乐曲。

```
library ieee;
use ieee.std_logic_1164.all;
use ieee.std_logic_unsigned.all;
entity music_play is
 generic(n:natural:=42);                    --乐谱音符数量设置为常数
  port(clk,reset:in std_logic;
       bell:out std_logic);
end entity;
architecture behave of music_play is
 signal bell_tmp:std_logic;            --蜂鸣信号
 signal clk_100k,clk_500,clk_2:std_logic;
 signal div_fre:std_logic_vector(7 downto 0);   --分频系数
 signal cnt:integer range 0 to n-1;              --音符计数器
 type mus_div is array(0 to 7) of std_logic_vector(7 downto 0);
 type yuepu is array(0 to n-1) of integer range 0 to 7;
 constant  m_d:  mus_div:=(X"00",  X"BF",X"AA",X"97",X"8F",X"7F",X"71",X"65"); --中音 7 个音符对应的分频系数(对 100k 时钟分频)
 constant   yuepu_1:yuepu:=(1,1,2,2,3,3,1,1,0,   1,1,2,2,3,3,1,1,
```

```vhdl
0,3,3,4,4,5,5,5,5,0,  3,3,4,4,5,5,5,5,0,0,0,0,0,0,0);--乐谱简谱寄存器
      component gen_div is           --分频元件调用声明
    port(clk:in std_logic;
        div_fre:in std_logic_vector(7 downto 0);
        bclk:out std_logic);
    end component;
    begin
    bell<=bell_tmp;                --蜂鸣信号输出
    gen_100k:gen_div               --240 分频,产生 100k 时钟
      port map(clk=>clk,div_fre=>X"F0",bclk=>clk_100k);
    gen_m:gen_div                  --对 100k 分频,产生音频信号
      port map(clk=>clk_100k,div_fre=>div_fre,bclk=>bell_tmp);
    gen_500:gen_div                --对 200k 分频,产生 500Hz 时钟
      port map(clk=>clk_100k,div_fre=>X"C8",bclk=>clk_500);
 gen_2:gen_div   --产生节拍控制时钟,由 div_fre 映射的数据设定节拍快慢
      port map(clk=>clk_500,div_fre=>X"FA",bclk=>clk_2);
    process(clk_2,reset)
       begin
         if reset='0' then  div_fre<=X"00";cnt<=0;  --复位时,分频比为0,bell不发声
         else
             if rising_edge(clk_2) then
                div_fre<=m_d(yuepu_1(cnt));
                 if cnt=n-1 then cnt<=0;
                 else    cnt<=cnt+1;
                 end if;
             end if;
         end if;
     end process;
  end behave;
```

四、实验内容

(1) 建立工程,新建 2 个 VHDL 文档,代码参考以上代码。

(2) 按照不同乐谱修改 VHDL 中的相应代码,编译通过这些代码。

(3) 选择合适的开发板资源进行引脚配置、再编译、下载,然后运行。观察结果是否与预定设计一致。

五、实验报告

根据以上实验内容写出实验报告,内容包括整个实验过程。根据实验报告版面适当对实验结果归纳总结,插入 RTL 图等。

第 4 章

集成电路版图设计实验

实验一　Cadence 软件使用入门

一、实验目的

（1）掌握 Cadence 软件的启动方法。
（2）掌握原理图编辑器使用方法。
（3）掌握 Cadence 版图编辑软件的使用方法。

二、实验软件

Cadence Virtuoso IC6.1.8。

三、实验原理

桌面双击 VMware Workstation Pro 图标，启动虚拟机平台。在"文件"菜单中选择"打开"选项，根据电脑目录载入 IC618 虚拟机文件，如图 4.1.1 所示。虚拟机文件载入后的界面如图 4.1.2 所示。

图 4.1.1　选择 IC618 虚拟机文件载入

图 4.1.2　IC618 虚拟机文件载入后的界面

单击▶按钮启动虚拟机 Linux 操作系统，该操作系统界面如图 4.1.3 所示。在桌面空白处右击，在弹出的快捷菜单中选择 Open Terminal 选项，在打开的 Terminal 窗口中输入 virtuoso 命令，如图 4.1.4 所示。

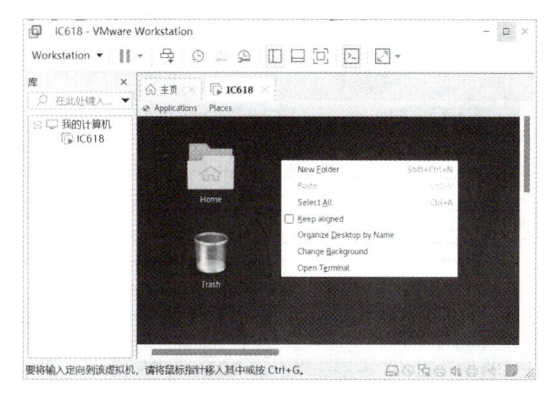

图 4.1.3　虚拟机 Linux 操作系统界面

图 4.1.4　Terminal 窗口中输入 virtuoso 命令

软件启动后显示的是 Cadence 软件的主要用户界面和控制窗口（CIW），CIW 窗口如图 4.1.5 所示。该窗口可以显示软件名称、当前文件目录、工作记录和错误报警信息，还可以输入命令和显示命令提示。

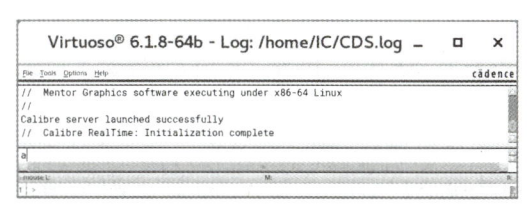

图 4.1.5　Cadence 软件的 CIW 窗口

在 CIW 窗口中选择 Options→User Preferences 命令,打开"用户参数设置"对话框,在该对话框中可以根据个人习惯进行一些偏好设置。比如在 User Preferences 标签页中的 Default Editor Background Color 选项中可以设置设计界面的背景颜色,如图 4.1.6 所示。

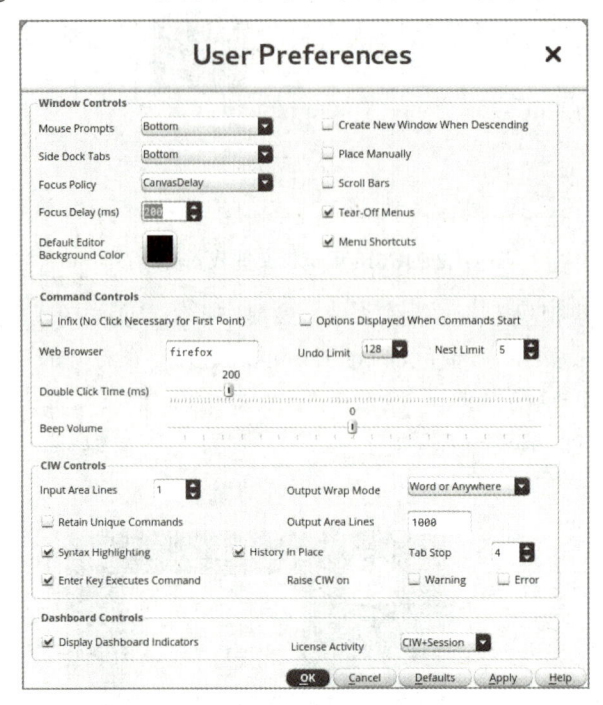

图 4.1.6 背景颜色设置

在 CIW 界面中选择 Tools→Library Manager 命令进行设计文件管理,如图 4.1.7 所示。

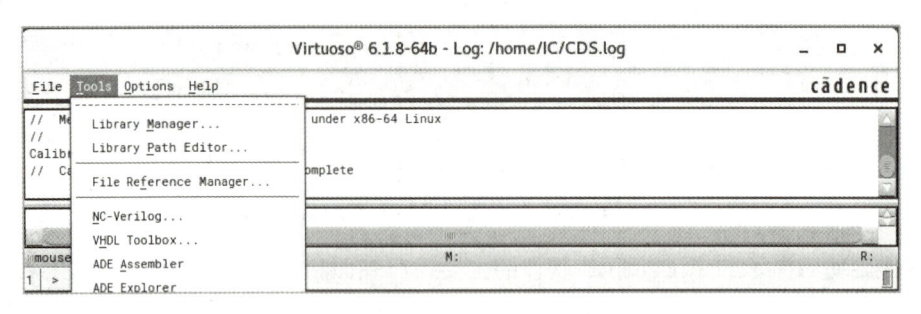

图 4.1.7 设计文件管理

① 库、单元与视图。

Cadence 软件是按照库(Library)、单元(Cell)、视图(View)的层次实现对文件的管理的。库文件是一组单元的集合,包含着各个单元的不同视图。单元式构造芯片或者逻辑结构的最低层次的结构单元包括反相器、运算放大器、正弦波发生器等。视图位于单元层次下,包括 schematic、layout 和 symbol 等,Cadence 文件管理层次如图 4.1.8 所示。

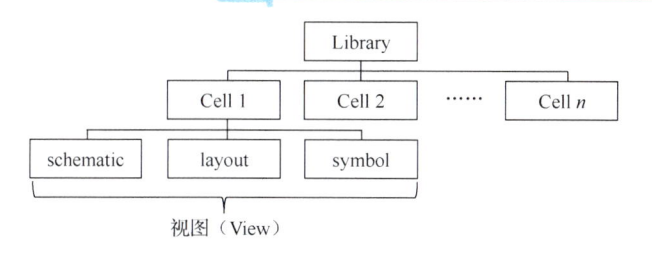

图 4.1.8　Cadence 文件管理层次

在 Cadence 软件中，库是非常重要的。库以文件夹形式存在，电路设计和版图设计都是以文件的形式保存在库中的。库文件包括基准库、设计库和工艺库。基准库是 Cadence 软件自带的，其中 Sample 库存储普通符号，Basic 库包含特殊管脚信息，Analog 库包含基本模拟器件；设计库是针对用户而言的，是用户自己创建的库，不同的用户可以有不同的设计库；而工艺库是针对集成电路制造工艺而言的，不同特征尺寸工艺、不同芯片制造厂商的工艺库是不同的。为了能够完成集成电路芯片制造，用户的设计库必须和某个工艺库相关联。

在 CIW 界面中选择 Tools→Library Manager 命令打开库管理器。图 4.1.9 中，mydesign 是用户定义的设计库，invert 是 mydesign 库里的单元，layout、schematic 是 invert 单元的视图，分别为版图视图、电路图视图。

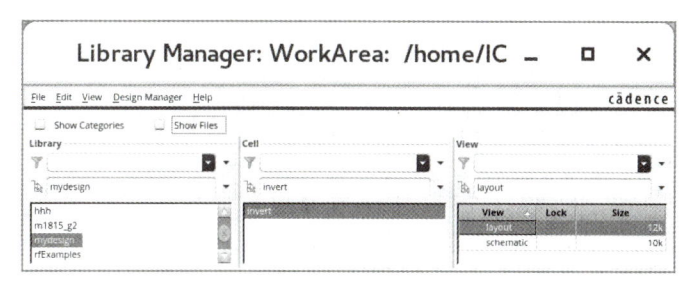

图 4.1.9　库管理器界面

在库管理器中选择 File→New→Library 命令，可以建立新的库文件，在弹出的 New Library 对话框的 Name 文本框中输入新建库文件的名字。单击 OK 按钮后自动弹出选择工艺库的对话框，四个选项分别为：关联一个新的工艺文件，参考已经存在的工艺文件库，关联一个已经存在的工艺文件，不需要工艺文件，如图 4.1.10 所示。

图 4.1.10　工艺库关联

版图设计必须和将要用来制备集成电路芯片所用的工艺相匹配，集成电路制造厂商提供给用户工艺库。如果不关联工艺库，则新建的版图文件看不到工作层。这里我们选择关联到 smic 18ee（中芯国际）工艺库，如图 4.1.11 所示。如果只做原理图而不需要做版图设计，则可以不需要关联工艺库。

图 4.1.11 工艺库选择

回到 Library Manager 窗口，可以看到刚刚新建的库。单击这个设计库，发现其单元和视图均为空，到目前为止这是一个空库，如图 4.1.12 所示。

图 4.1.12 用户新建库的单元和视图（为空）

选中新建的库，从菜单中选择 File→New→Cell View 命令，可以创建单元和视图。在弹出的 New File 对话框的 Cell 文本框中输入新建单元的名称。然后单击 Type 右侧按钮，选择单元视图的工具类型。和本实验内容密切相关的工具是 schematic 和 layout，选择不同的工具类型，视图名称也不同。如果选择 schematic，则 View 自动显示为 schematic，表示这是电路图视图；如果选择 layout，则 View 自动显示为 layout，表示这是版图视图。新建 schematic 单元和电路图视图如图 4.1.13 所示，新建 layout 单元和版图视图如图 4.1.14 所示。

图 4.1.13 新建 schematic 单元和电路图视图    图 4.1.14 新建 layout 单元和版图视图

② schematic 电路图编辑入门。

建立视图，选择 schematic，则会出现电路图编辑窗口，如图 4.1.15 所示，可以在该窗口内进行电路图的设计。

在图 4.1.15 中，最上边是菜单项和快捷工具栏，中间区域为电路图设计区域。利用菜单项和快捷菜单项可以进行器件的添加，器件属性修改、检查，保存电路图，打开仿真环境，等等。电路图编辑窗口菜单功能说明如表 4.1.1 所示。

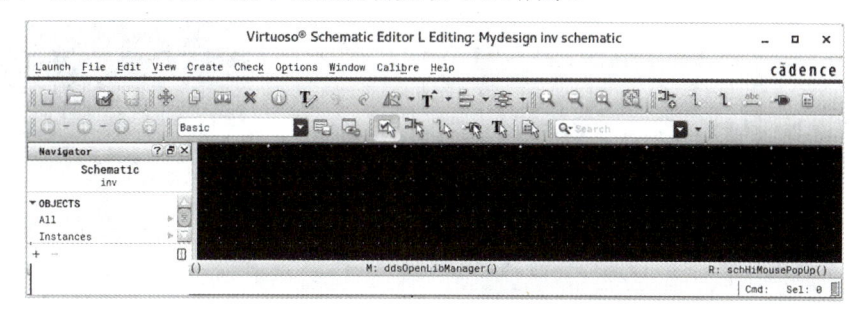

图 4.1.15　电路图编辑窗口

表 4.1.1　电路图编辑窗口菜单功能说明

菜单名称	菜单功能
Launch	打开模拟仿真环境、设计综合、电路图平铺和层次化编辑器、混合信号选项设置等操作
File	电路图的打开、保存、另存为，层次化设计，创建单元视图等操作
Edit	撤销、重做、拉伸、复制、移动、删除、旋转等操作
View	控制视图显示，包括放大、缩小、平移、刷新视图等操作
Create	添加实例、连线、线名、引脚和模块等操作
Check	对当前的单元视图、层次化、选项、规则设置等进行检查
Options	设置选项，包括编辑器、显示、过滤器的选择、检查规则设置等
Window	电路图区域的放大、缩小、适中、关闭等操作
Calibre	提供与 Calibre 工具的集成、进行设计规则检查（DRC）、布局与电路匹配（LVS）等功能
Help	提供用户手册、在线帮助文档和常见问题解答

快捷菜单可以快速完成电路设计的大部分操作。在电路图编辑窗口中，选择 Create→Instance 命令，或者使用快捷键 i，进行元件添加操作。从 analogLib 库中，分别添加 NMOS4 和 PMOS4 晶体管到原理图，如图 4.1.16、图 4.1.17 所示。

添加好元件后，可以对元器件的属性进行编辑。选中实例，选择菜单栏的 Edit→Properties→Objects 命令或者使用快捷键 q 打开编辑元器件属性窗口，进行属性的设置。对于 MOS 晶体管，可以设置沟道宽度（Width）、沟道长度（Length）等，如图 4.1.18 所示。

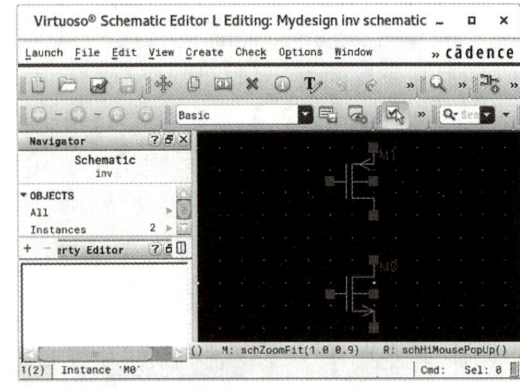

图 4.1.16　元件添加

图 4.1.17　元件添加到原理图

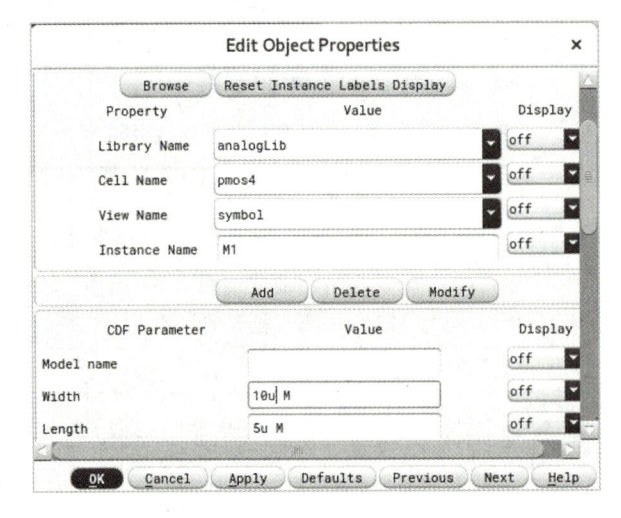

图 4.1.18　元器件属性设置

可继续添加 vdd、gnd 和输入端子 A、输出端子 B，如图 4.1.19 和图 4.1.20 所示。连线完成反相器原理图，如图 4.1.21 所示。

图 4.1.19　添加输入端子 A

图 4.1.20　添加输出端子 B

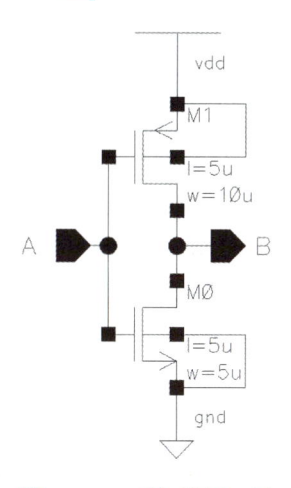

图 4.1.21　反相器原理图

（3）Virtuoso 版图编辑入门。

建立版图视图后，进入版图编辑界面。如图 4.1.22 所示，左边是层选择窗，右边是版图编辑窗，利用层选择窗可以选择所要绘制图形所在的层次，然后在版图编辑窗内进行版图绘制。为了显示方便，层选择窗只显示了一些比较重要的层次。

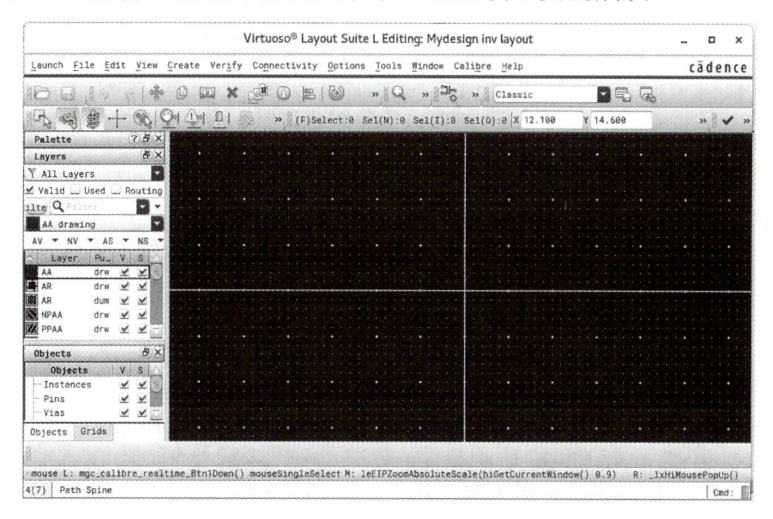

图 4.1.22　版图编辑界面

单击当前层，提示栏会显示该层为 Active layer（活跃层）。在当前层右击，选择 Edit Display Resources 选项可以设置有效层、层的颜色和图案。

其中 AV（all visible）为所有层全部可见，NV（non visible）为所有层全部不可见，AS（all selectable）为所有层全选，NS（non selectable）为所有层均不选（不选该层，则该层的器件不能编辑，如无法删除该器件）。

Layer 部分列出了目前可供选择的所有层。表 4.1.2 给出了 smic 18ee（中芯国际）库常用的层及其含义。

表 4.1.2　中芯国际库常用层及其含义

层名称	层含义	层名称	层含义
GT	多晶硅层	SN	N+注入层
AA	有源层	SP	P+注入层
PW	P 阱层	CT	接触孔层
NW	N 阱层	M1	金属层 1

可以按快捷键 o，或在 create VIA 中选择 M1_GT、M1_NW 和 M1_M2 等选项来设置孔连接的层。

实际版图设计并不需要所有层，可以通过层右边的小方框来设置该层的开关。合理设置有效层会加快版图的绘制速度。

在"设置有效层"对话框中，每个层符号的右侧都有表示其用途的标记，如 dg、pn 和 nt 等。各个层的名称、缩写和用途如表 4.1.3 所示。

表 4.1.3　层名称缩写和用途

名称	缩写	用途	名称	缩写	用途
Drawing	dg	绘图	Warning	wg	警告
Pin	pn	管脚	Error	er	错误
Net	nt	连线	Boundary	by	边界
Label	Ll	标签	Annotate	ae	注释
Tool	t	工具	—	—	—

Virtuoso 的窗口菜单中的命令可以完成版图设计的全部功能。例如，Launch 菜单里 ADEL 选项可以打开 Cadence 的仿真工具 ADE；File 菜单可以对设计进行保存和打开；Window 菜单可以对绘画窗口进行缩放；Create 菜单可以在窗口内建立矩形、实例和引脚等；Edit 菜单可以对设计操作进行撤销，还可以对窗口内的图形进行移动、复制等；Verify 菜单可以进行 DRC、ERC、LVS 等版图验证；Connectivity 菜单可以定义引脚；Options 菜单可以设置显示选项和版图编辑器的选项。

（3）图形的建立与编辑。

下面介绍版图中各种几何图形的画法，包括矩形、等宽线、多边形、圆弧、圆、椭圆等。

矩形是版图图形中最常用的图形，如有源区、多晶硅、注入区和金属等大多数都使用矩形图形。在版图中，由两个对角顶点可以确定一个矩形。建立矩形的操作是 Create→Shape→Rectangular 命令或者快捷键 r。此时屏幕下方提示栏会显示 Point at the first corner of the rectangle，单击屏幕某点确定矩形第一个角的顶点，然后提示栏显示 Point at the opposite corner of the rectangle，确定另一个点即可建立矩形。

等宽线一般用于金属连线。等宽线指的是宽度固定的直线或折线，通常用它的宽度、中心线的起点、各一个拐点和终点的坐标来表示。建立等宽线的命令是 Create→Shape→

Path，或者快捷键 p。选择等宽线命令后，双击鼠标中键或按 F3 键，出现创建等宽线对话框。如图 4.1.23 所示，Width 表示等宽线的宽度，Snap Mode 表示等宽线拐角的布线方式。

图 4.1.23　创建等宽线对话框

建立等宽线的方法如下：在屏幕某处单击，输入起点，然后移动光标到下一点并单击，连续移动光标并在转折处单击，在终点双击或者按 Enter 键，完成等宽线的绘制。

建立多边形的命令是 Create→Shape→Polygon 或者快捷键 p。选择画多边形的命令后，提示行显示 Point at the first point of the polygon，然后在屏幕某点处单击输入多边形的第一个点，提示行继续显示 Point at the next point of the polygon，继续单击多边形的各个顶点，每单击一次就建立多边形新的一条边。在第一个点和最后输入的点之间由虚线连接，如果虚线和前面各点的实线所构成的图形就是想要的多边形，那么双击或按 Enter 键，会自动形成封闭的多边形。

建立多边形的命令还可以用来画圆弧。在版图设计中，圆弧是用起点、终点和弧上的一点来表示的。选择 Create→Polygon 命令后，双击鼠标中键，出现建立多边形的对话框，如图 4.1.24 所示。单击 Create Arc 按钮，然后在屏幕上分别单击起点、终点和弧上一点即可画出圆弧。

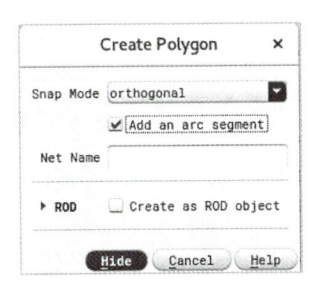

图 4.1.24　建立多边形对话框

建立接触孔的快捷命令为快捷键 o，使用命令后自动弹出 Create Contact 窗口。设置接触孔属性，比如接触孔所在的金属层次，以及宽长数据等。

下面介绍在版图绘制过程中的图形编辑操作，主要包括复制、移动和编辑属性等。复制是版图编辑框中的一个重要命令，利用复制可以节省人工，提高版图绘制速度。选择

Edit→Copy 命令，然后选中要复制的版图，被选中的图形的边框会高亮显示。在原图上单击一次，一个边框为黄色的目标图形会随光标移动，再单击即可将图形复制到指定位置。发出复制命令后，可以双击鼠标中键打开复制对话框。

移动也是版图编辑框中的一个重要命令，当单元的位置不合适时，可以利用移动命令将其放于合适的位置。选择 Edit→Move 命令，然后选中要移动的图形，在原图上单击一次，一个边框为黄色的目标图形会随光标移动，再单击即可移动到指定位置。发出移动命令后，可以双击鼠标中键打开移动对话框，在该对话框中可以改变图形的层，还可以旋转或者镜像图形。

在版图设计中，经常用到编辑属性功能，对应命令为快捷键 q。以矩形为例，选中矩形后，执行命令打开编辑属性对话框。编辑属性可以改变图形所在的层，还可以通过设置 Left、Right、Bottom 和 Top 的数值来精确控制该图形的形状和位置。

四、实验内容

（1）启动 Cadence 软件，新建库、单元、原理图视图，并绘制一个反相器电路图。

（2）在上述单元下，再建立一个 layout 视图，完成狗骨头形多晶硅电阻（利用多晶硅层和接触孔）、N 阱电阻、有源区电阻的版图的绘制，分别如图 4.1.25～图 4.1.27 所示，写出操作过程，并将版图截图。

图 4.1.25　狗骨头形多晶硅电阻的版图

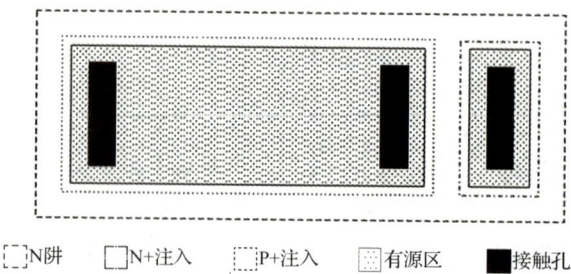

图 4.1.26　N 阱电阻的版图

图 4.1.27　有源区电阻的版图

实验二　MOS 场效应晶体管的版图

一、实验目的

（1）掌握使用 Virtuoso 版图编辑软件进行 MOS 管版图设计。
（2）掌握 MOS 管的源漏共用技术。
（3）掌握 MOS 管的串并联的版图绘制。

二、实验软件

Cadence Virtuoso IC6.1.8。

三、实验原理

版图绘制顺序和工艺加工步骤间没有直接联系，光刻顺序与版图名称有关，但与版图绘制过程无关。

（1）PMOS 管版图绘制。

PMOS 管的版图各组件名称如图 4.2.1 所示。

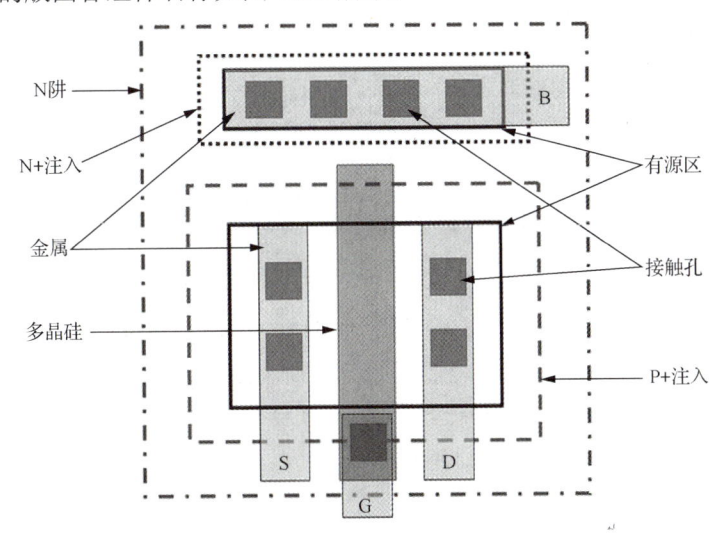

图 4.2.1　PMOS 管的版图组件名称

① 如实验一所描述的过程，打开软件，新建 layout 视图。
② 绘制有源区层，在层窗口中单击 AA 层将其设为当前所选层，然后选择 Create→Shape→Rectangular 命令，画一个长度为 3.6μm，宽度为 6μm 的有源区矩形。这里我们为了定标，可以参照栅格点（黑色背景上的白色点）来确定尺寸，默认栅格尺寸为 1μm，在栅格设置中可以修改栅格尺寸，如图 4.2.2 所示。单击矩形的属性，修改坐标，改变相应

的长度和宽度。在菜单栏中选择 Tools→Create Measurement 命令或使用快捷键 k 来调用测量工具可准确确定尺寸。

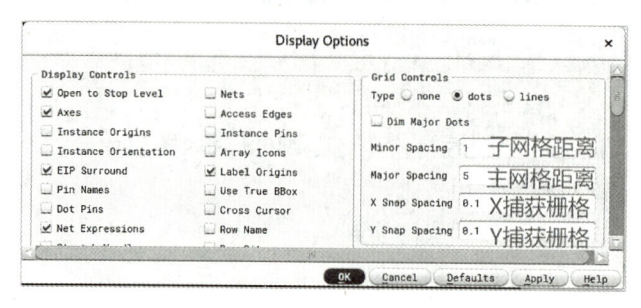

图 4.2.2　栅格设置

③ 在 Layout Editing 界面的菜单栏中选择 Options→Display 命令，可以修改栅格的尺寸。

④ 绘制多晶硅层的栅极。单击 GT 层，画矩形，GT 层与有源区的位置关系如图 4.2.3 所示，以此确定导电沟道的长度（导电沟道长度是电流在源区和漏区之间流经的距离）为 0.6μm，宽度为 6μm，栅极超出有源区 0.6μm。那么在设计过程中如何计算器件尺寸呢？一般是利用 Spice 电路模拟软件，显示电路执行功能、电流大小、频率响应、增益等信息，来验证 IC 设计方案，确定器件尺寸。

图 4.2.3　GT 层和有源区的位置关系

⑤ 绘制源区、漏区的 SP 注入区。在前面图形的基础上添加 SP 层，该层表示 PMOS 管，并覆盖整个有源区，SP 与 AA 两层之间距离为 0.6μm，如图 4.2.4 所示。

⑥ 绘制 N 阱。在整个管子的外围绘制 NW 矩形（NW 层），并覆盖有源区，NW 与 AA 两层之间距离为 1.8μm，如图 4.2.4 所示。

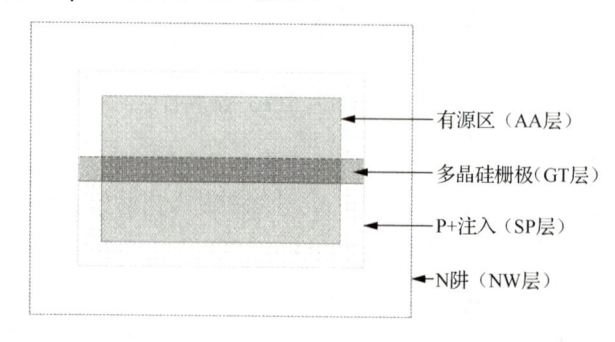

图 4.2.4　SP 注入区和 N 阱绘制

⑦ 绘制衬底连接。PMOS 管的衬底 N 阱要连接到电源的最高电位，以保证 PN 结的反偏状态。首先绘制一个 1.2μm×1.2μm 的有源区矩形作为接触孔，然后在这个矩形边上包围一层 SN 注入层，该 SN 注入层覆盖有源区，与有源区之间距离为 0.6μm。再将 NW 矩形拉长，把衬底接触孔覆盖，衬底连接就绘制完成了，其中，拉伸操作可以选择快捷工具栏的 stretch 选项或者快捷键 s，如图 4.2.5 所示。

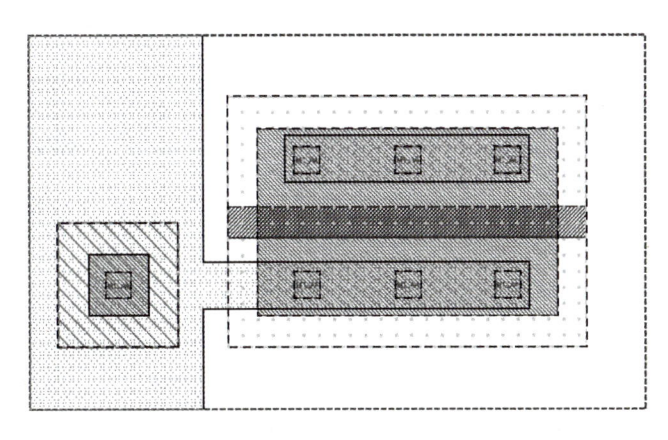

图 4.2.5　绘制衬底连接和布线

⑧ MOS 管布线如图 4.2.5 所示。

完成有源区（源区和漏区）的连接，在源区和漏区上用 contact 层（CT 层）分别画三个尺寸为 0.6μm×0.6μm 的矩形接触孔，注意接触孔之间距离为 1.5μm，如果用快捷键 o 绘制接触孔，那么尺寸为 0.3μm×0.3μm。

用 M1 层绘制两个长矩形，分别覆盖源区和漏区上的 contact，覆盖长度为 0.3μm。

为了完成衬底连接，必须在衬底的有源区中间添加一个 contact 层矩形，这个矩形每边要被有源区覆盖 0.3μm，即矩形尺寸为 0.6μm×0.6μm。同样，如果用快捷键 o 打接触孔，尺寸为 0.3μm×0.3μm。

接着绘制用于电源的金属连线，宽度为 3μm，将其放置在 PMOS 管版图的最上方。再将 PMOS 管的源极和电源线相接。

（2）工艺设计规则。

上述的尺寸和间距等要求是为了满足 DRC 设计规则。用特定工艺制造电路的物理掩模版图都必须遵循一系列几何图形排列的规则，这些规则称为版图设计规则。对于不同工艺厂商、不同层次、不同使用目的，设计规则都会有所不同。

（3）源漏共用 PMOS 版图绘制。

根据 DRC 文件，版图设计中器件之间有最小间隔距离限制，即相同类型相同参数的器件之间也必须保持最小间距。而 MOS 管的结构决定它具有源漏两极可以互换的特点。利用这一原理，可以得出源漏共用的设计方法。

所谓源漏共用，指的是当两个不同的 MOS 管属于同一类型（如 PMOS）时，如果有连接到相同节点的电极（如源极），在版图上就可以将这两个源极画在一起，即两个 MOS

管共用同一个源极。源漏共用可以有效缩小版图面积，降低成本，如图 4.2.6、图 4.2.7 所示。

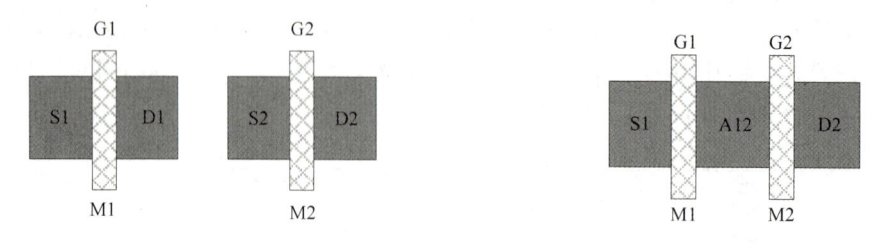

图 4.2.6　源漏共用前

图 4.2.7　源漏共用后

为了方便后面实验进行，且避免实验的误操作，文件备份是有必要的。

首先在 Library Manager 窗口中选择要备份的文件，右击选择 Copy 命令，如图 4.2.8 所示。

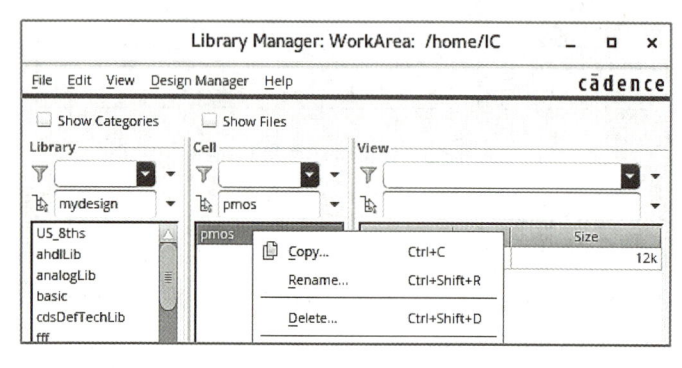

图 4.2.8　右击选择 Copy 命令

然后在弹出的对话框中选择要另存为的名称，这样我们可以将文件进行备份，如图 4.2.9 所示。

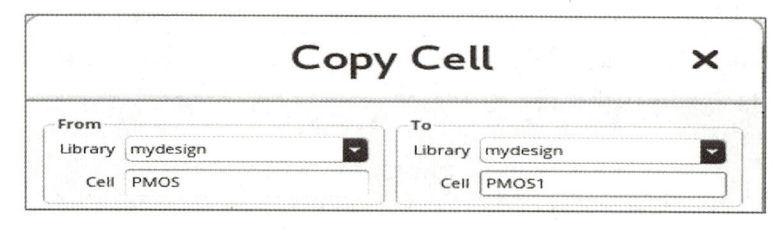

图 4.2.9　Copy Cell 对话框

在备份完文件后，我们选择对其中一个文件进行操作。

为了方便实验效果展示，我们将绘制的 PMOS 的衬底接触和 N 阱部分进行删除，只剩下源漏区域，这称为简化 PMOS 管，如图 4.2.10 所示。

使用复制命令 c 快捷键，将选择的简化 PMOS 管进行复制，如图 4.2.11 所示。

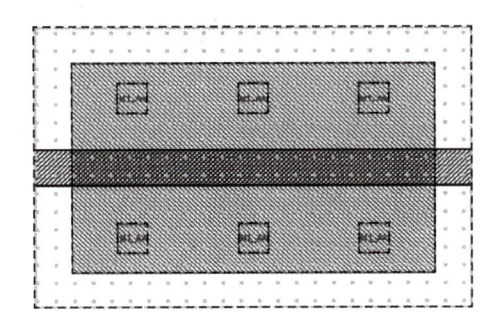

图 4.2.10　简化 PMOS 管 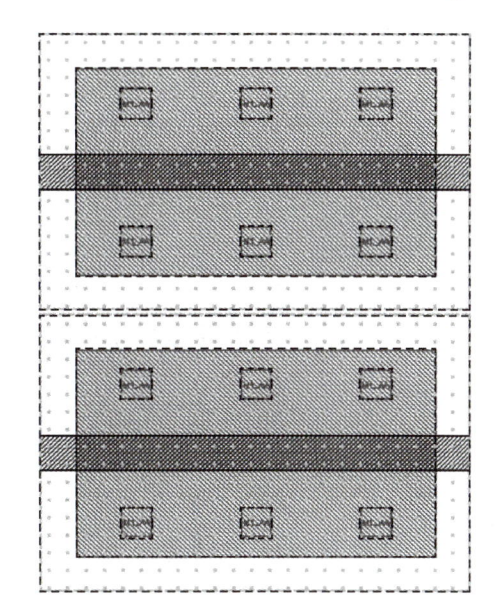　　　　图 4.2.11　复制后的 2 个简化 PMOS 管

选择一个简化的 PMOS 管，使用 Move 命令（或快捷键 m），将这个 PMOS 管向另一个复制的简化 PMOS 管进行移动，使得其实现源漏共用，注意接触孔必须完全重合，如图 4.2.12 所示。选中同一图层的两个图形，在菜单栏选择 Edit→Basic→Merge 命令或者使用 Shift+m 快捷键，将重叠的同一图层的图形进行合并，合并后如图 4.2.13 所示。如此就完成了源漏共用 PMOS 版图的绘制。

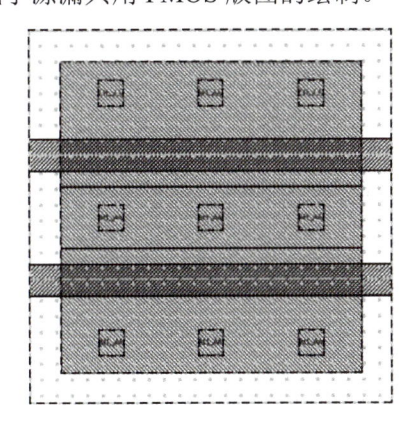

图 4.2.12　两个简化 PMOS 管实现源漏共用 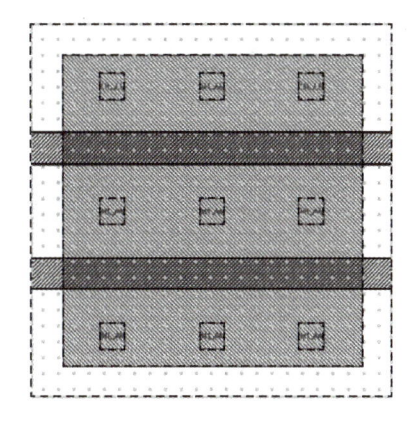　　　　图 4.2.13　两个简化 PMOS 管合并

四、实验内容

（1）绘制 NMOS 管版图。

NMOS 管版图与 PMOS 管版图基本相同。参照以上 PMOS 管版图的绘制过程，同样从有源区开始绘制，最后完成衬底的连接与布线。不同的是，因为版图区域背景部分是 P

型衬底，NMOS 管可以直接绘制在衬底上，不需要再绘制 P 阱。NMOS 管版图的有源区尺寸为 3μm，其余参数与 PMOS 管版图的参数相同。绘制衬底连接时，NMOS 管版图的 P 衬底要连接到电源的最低电位上去。绘制用于接地的金属连线，将其放置在 NMOS 版图的最下方。再将 NMOS 管的源极和地线相接，如图 4.2.14 所示。

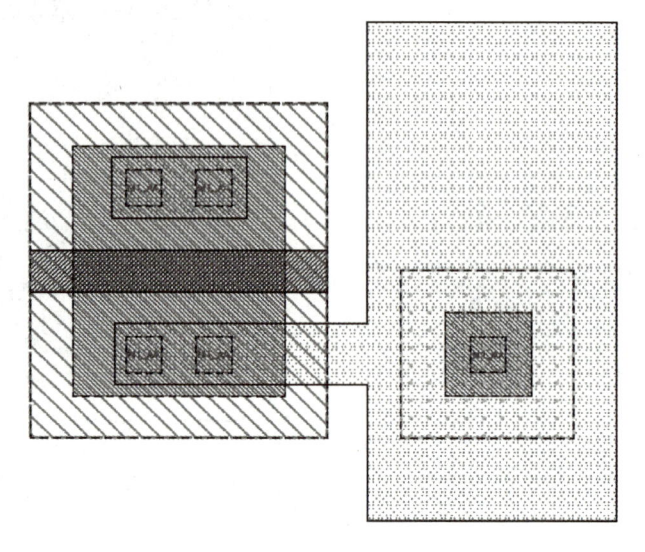

图 4.2.14　NMOS 管版图

（2）绘制三个 NMOS 管并联的版图。

三个 NMOS 管并联原理如图 4.2.15 所示。参照前面源漏共用方法，绘制完成三个 NMOS 管并联版图如图 4.2.16 所示。

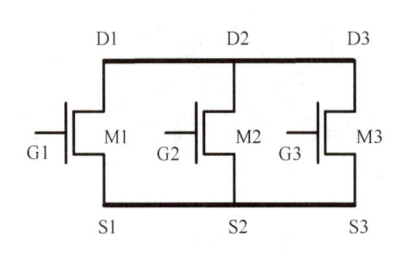

图 4.2.15　三个 NMOS 管并联原理图 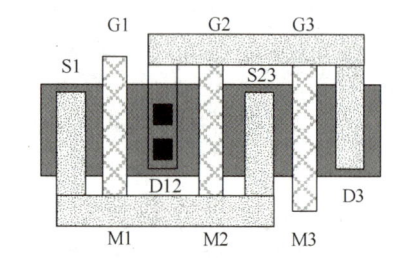　　　　图 4.2.16　三个 NMOS 管并联版图

将上述所画版图保存，参考实验一修改 layout 背景颜色为白色：在软件主窗口中选择 Options→User Preferences 命令，将版图背景设为白色。截图 PMOS 管版图和并联 PMOS 管版图，将其放到实验报告中。

实验三　CMOS 反相器的版图

一、实验目的

（1）掌握 CMOS 反相器的结构。
（2）掌握 CMOS 反相器的电路设计。
（3）掌握 CMOS 反相器的版图设计。

二、实验软件

Cadence Virtuoso IC6.1.8。

三、实验原理

绘制反相器电路原理图的步骤如下。

（1）建立新的库文件，在 New Library 对话框中选择 Attach to an existing technology library 选项，关联一个已经存在的工艺文件。在弹出的对话框中选择 smic13mmrf_1233 选项，如图 4.3.1、图 4.3.2 所示。

图 4.3.1　关联一个已经存在的工艺文件

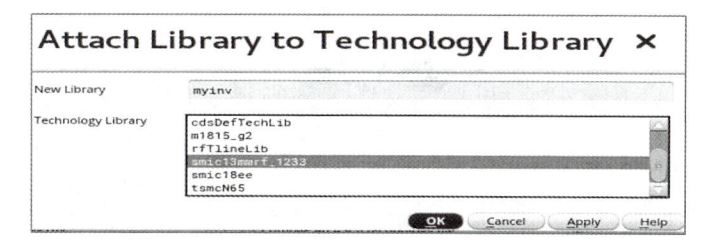

图 4.3.2　工艺文件选择

（2）选中新建的库，选择 File→New→Cell View 命令，创建 inverter 单元和 schematic 视图。

（3）在电路图编辑窗口中，从 smic13mmrf_1233 库中，分别添加 MOS 管 p12 和 n12 到原理图，如图 4.3.3 所示。

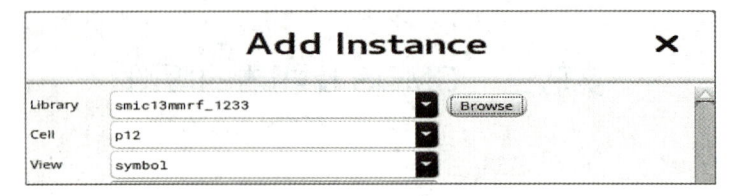

图 4.3.3　添加 MOS 管 p12 到原理图

（4）可继续添加输入端 A 和输出端 B，VDD 和 GND 端子到原理图中。A 和 VDD 为 input 型，B 和 GND 为 output 型，添加输入端 A 如图 4.3.4 所示。这里因为要绘制版图，所以 VDD 和 GND 也在 Create Pin 对话框中创建。

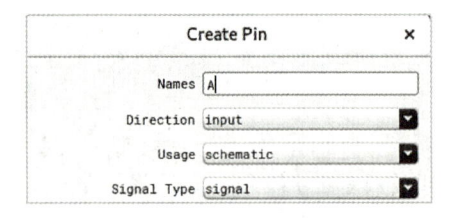

图 4.3.4　添加输入端 A

连线完成后的反相器电路原理图如图 4.3.5 所示。

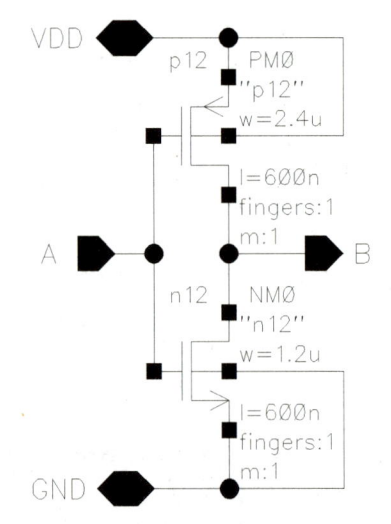

图 4.3.5　反相器电路原理图

四、实验内容

（1）参考实验原理部分，完成反相器电路原理图绘制。

（2）反相器的版图绘制。

① 新建版图视图（layout），打开并绘制 PMOS 管，PMOS 管沟道的宽度为 2.4μm，长度为 0.6μm。绘制好的 PMOS 管版图如图 4.3.6 所示。

② 绘制 NMOS 管，NMOS 管沟道的宽度为 1.2μm，长度为 0.6μm。绘制好的 NMOS 管版图如图 4.3.7 所示。

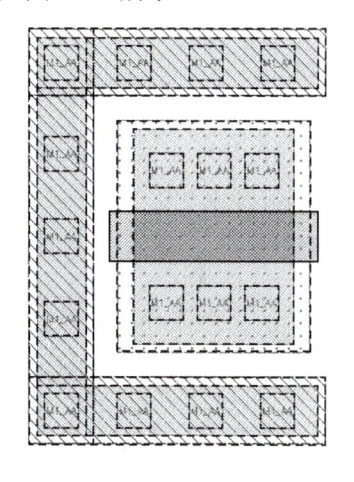

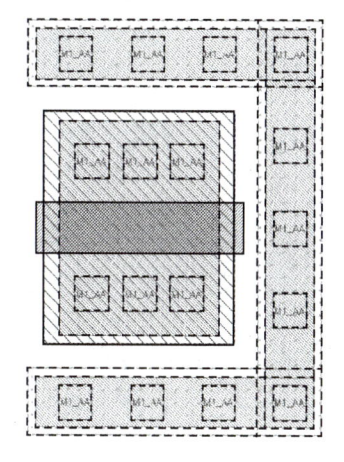

图 4.3.6　绘制好的 PMOS 管版图　　　　图 4.3.7　绘制好的 NMOS 管版图

③ 连线和添加电源线、地线。

绘制金属线：用金属线将 NMOS 管的漏极和 PMOS 管的漏极连接到一起，并将各自的源极和衬底电极连接到一起，作为反相器的输出。

绘制电源线和地线：在 PMOS 管的上方和 NMOS 管的下方分别用宽的金属线绘制电源线和地线，将 PMOS 管和 NMOS 管的源极分别与电源线和地线相连接。

绘制反相器的输入：选择多晶硅 GT 层将 PMOS 管和 NMOS 管的栅极连接在一起，作为输入。

标注名称：将 VDD、GND、输入 A、输出 B 标注在版图中。

完成的 CMOS 反相器版图如图 4.3.8 所示。

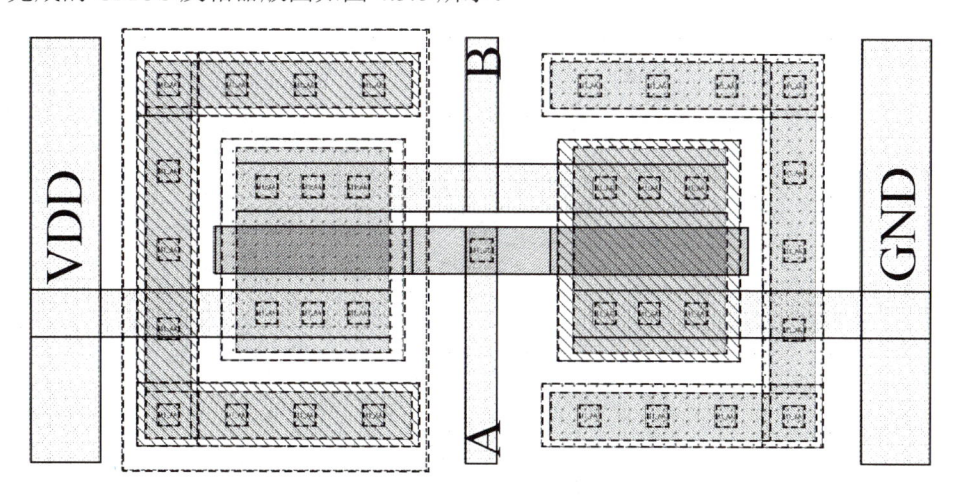

图 4.3.8　CMOS 反相器版图

（3）将上述所绘制的版图保存，版图背景设为白色。将截图放到实验报告中。

实验四　D 触发器的版图

一、实验目的

（1）掌握 D 触发器的原理和电路图的绘制。
（2）掌握 D 触发器的版图绘制。

二、实验软件

Cadence Virtuoso IC6.1.8。

三、实验原理

采用 CMOS 管版图设计方法设计的 D 触发器，其对应的电路图如图 4.4.1 所示。

工作原理：

第一级反相器对时钟 c 取反得到 cn，第二级时钟 c 门控反相器（c=1 导通）对输入 d 取反，得到 qn=$\bar{d}$，第三级反相器对 qn 取反得到 q，第四级时钟 c 门控反相器（c=0 导通）对 q 取反得到 qn。时钟从 1 到 0 完成数据的传输，为下降沿触发的 D 触发器。

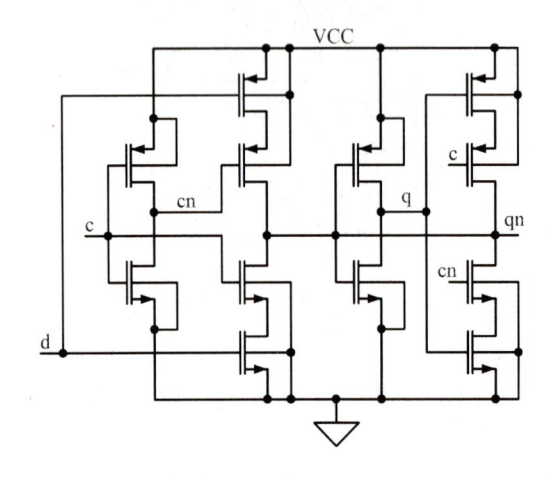

图 4.4.1　D 触发器电路图

四、实验内容

D 触发器参考版图如图 4.4.2 所示。

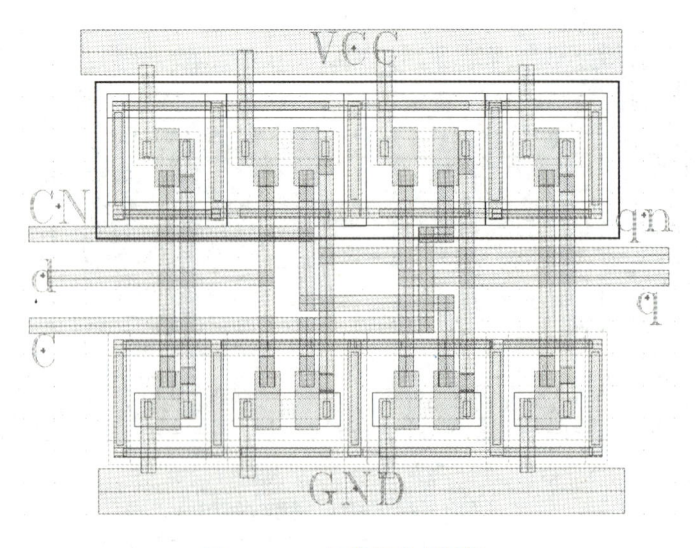

图 4.4.2　D 触发器参考版图

（1）绘制一个 PMOS 管和一个 NMOS 管，如图 4.4.3 所示。
（2）通过复制，得到另外两个 PMOS 管和 NMOS 管，如图 4.4.4 所示，然后选择 Edit→Basic→Merge 命令进行源漏区合并，形成源漏共用的 PMOS 管和 NMOS 管，如图 4.4.5 所示。

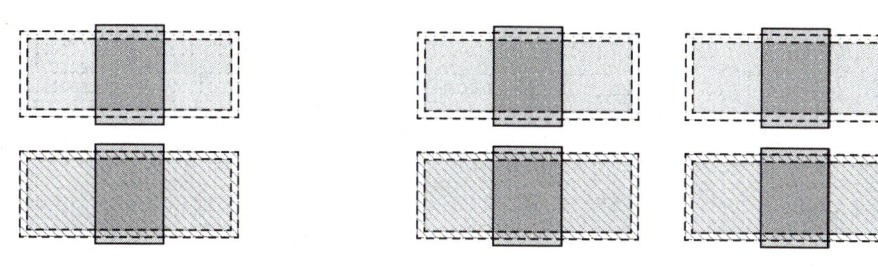

图 4.4.3　绘制 PMOS 管和 NMOS 管

图 4.4.4　复制 PMOS 管和 NMOS 管

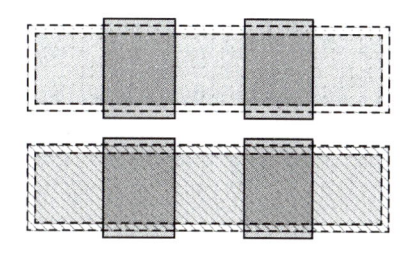

图 4.4.5　源漏共用的 PMOS 管和 NMOS 管

（3）复制出所有的 MOS 管，如图 4.4.6 所示。

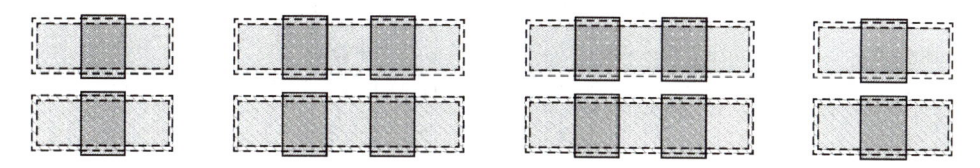

图 4.4.6　复制出所有的 MOS 管

（4）绘制 PMOS 管版图和 NMOS 管版图的衬底接触，以及 PMOS 管版图的 N 阱，如图 4.4.7 所示。

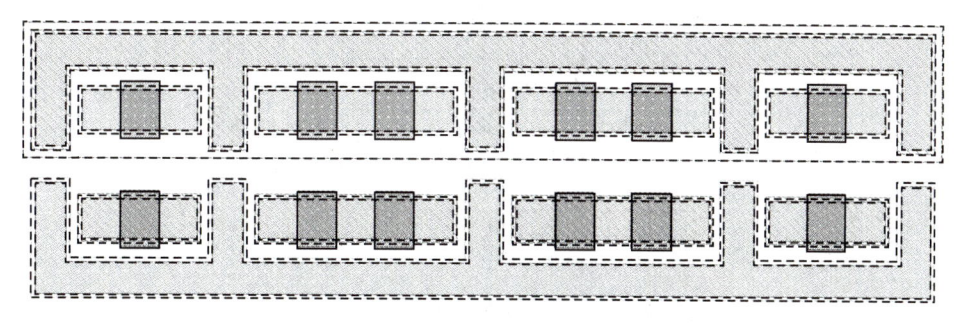

图 4.4.7　绘制衬底接触和 N 阱的版图

（5）绘制电源线和地线，并在源漏区和衬底接触位置对应打上接触孔，如图 4.4.8 所示。

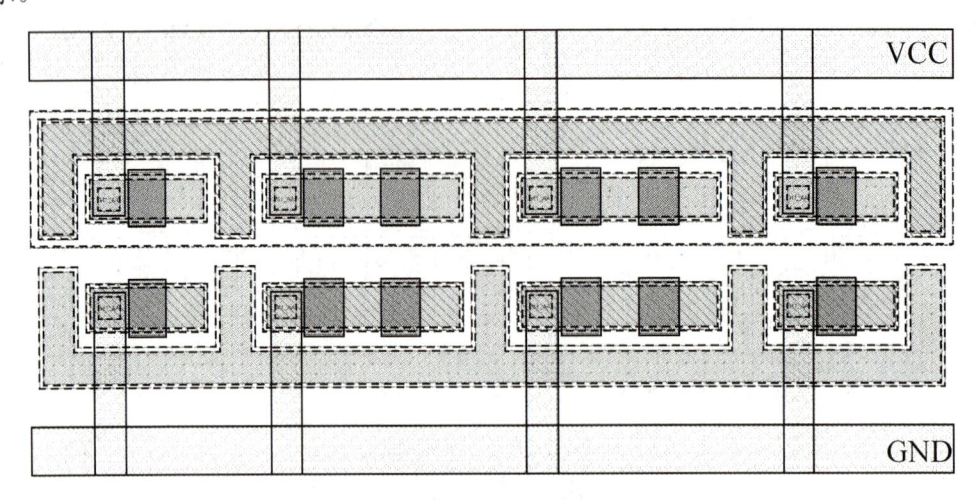

图 4.4.8　绘制了电源线和地线的版图

（6）绘制左边 MOS 管的输入输出的金属连线，以及栅极的连接，并绘制对应层次的接触孔。注意穿线过程中不要发生短接，使用不同层次的金属层 M1、M2 等进行连接，如图 4.4.9 所示。

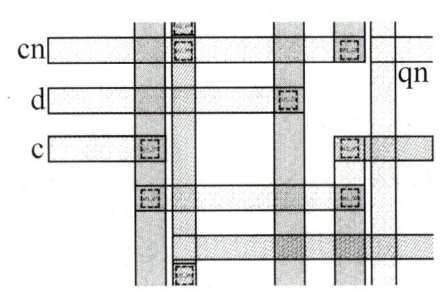

图 4.4.9　绘制左边 MOS 管的输入输出

绘制右边 MOS 管的输入输出的金属连线，如图 4.4.10 所示。

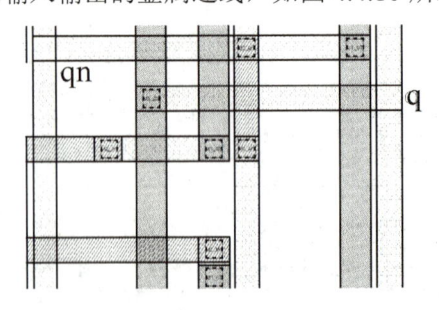

图 4.4.10　绘制右边 MOS 管的输入输出

完成的 D 触发器的最终版图，如图 4.4.11 所示。

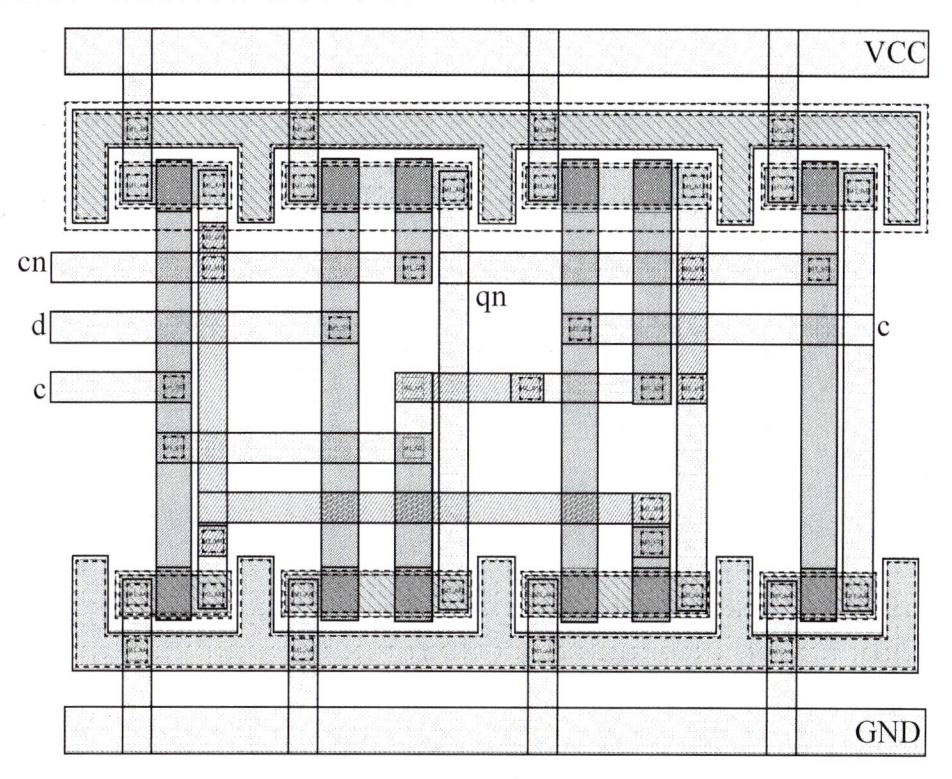

图 4.4.11　D 触发器的最终版图

实验五　反相器的版图验证

一、实验目的

（1）掌握从原理图生成对应版图的方法。
（2）掌握版图的 DRC 验证。
（3）掌握版图的 LVS 验证。

二、实验软件

Cadence Virtuoso IC6.1.8。

三、实验原理

集成电路的版图必须经过验证才能够进入实际生产流程，完整的版图验证项目包括以下五项。

① DRC（Design Rule Check）：设计规则检查。
② ERC（Electrical Rule Check）：电学规则检查。
③ LVS（Layout Versus Schematic）：版图和电路图一致性比较。
④ LPE（Layout Parasitic Extraction）：版图寄生参数提取。
⑤ PRE（Parasitic Resistance Extraction）：寄生电阻提取。

其中，DRC 和 LVS 是必做的验证，其余为可选项目。凡做过 DRC 和 LVS 验证的版图设计，基本上能一次流片成功。

使用 Cadence Virtuoso IC6.1.8 软件进行版图设计并验证。在设置好工艺库和原理图参数的前提下，一般是先由原理图生成初步版图，再进行连线、打阱等操作，然后完成版图设计。最后调用版图验证工具，设置规则文件，进行版图验证。

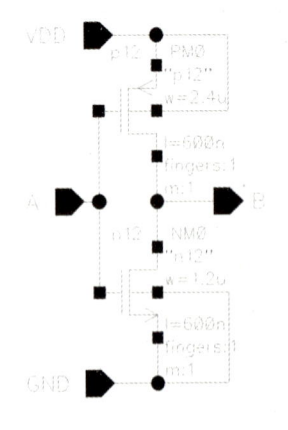

图 4.5.1　绘制的反相器的原理图

四、实验内容

（1）使用 Virtuoso XL 辅助版图布局，将原理图转换为版图。

① 绘制反相器的原理图 schematic view，参照实验三的反相器原理图绘制。

选择的 MOS 管需为 smic13mmrf_1233 库中的 symbol，分别添加 PMOS 管 p12 和 NMOS 管 n12，设置 PMOS 管的宽为 2.4μm、长为 600nm，NMOS 管的宽为 1.2μm、长为 600nm。绘制的反相器的原理图如图 4.5.1 所示。

② 从原理图产生版图。

在 schematic 编辑窗口中选择 Launch→layout XL 命令，

在弹出的窗口中选择 Create New 选项，新建一个视图，即默认创建一个与原理图名称相同的版图视图，新建版图视图过程如图 4.5.2、图 4.5.3 所示。

图 4.5.2　新建版图视图　　　　　　　　　图 4.5.3　版图视图名称

③ 进入版图界面后，在菜单中选择 Option→Display 命令，在弹出的对话框中设置格点（grid）的分辨率，将默认值 0.1 改为 0.005（否则后面版图可能无法对齐），如图 4.5.4 所示。

确认后进入版图编辑界面，在菜单中选择 Connectivity→Generate→All from source 命令，弹出 Generate Layout 窗口，如果设置合理的话会使后面的版图设计更加直观。取消 Generate Layout 窗口中的 PR Boundary 边界设置，不设置边界，如图 4.5.5 所示。

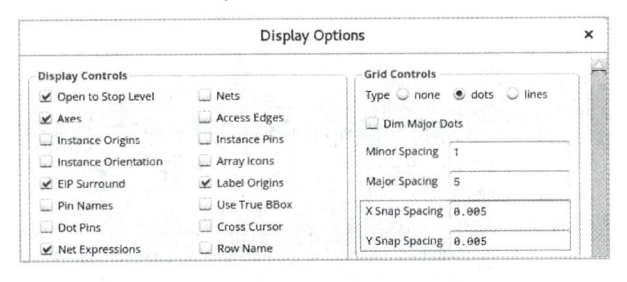

图 4.5.4　设置格点（grid）分辨率

图 4.5.5　Generation Layout 窗口设置

④ I/O Pins 标签页中的参数使用默认大小，修改 Layer 层次为 M1，如图 4.5.6 所示。

在 Pin Label 参数中选择 Label 选项，如果没有进行这项设置的话，后面需要手动加 Label。单击 Options 按钮，在弹出窗口中选择 Layer Name 为 M1TXT，如图 4.5.7 所示。

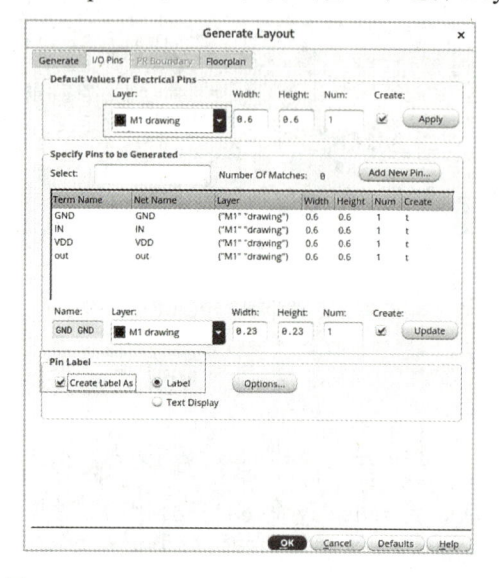

图 4.5.6　Generate Layout 窗口中的 I/O Pins 设置

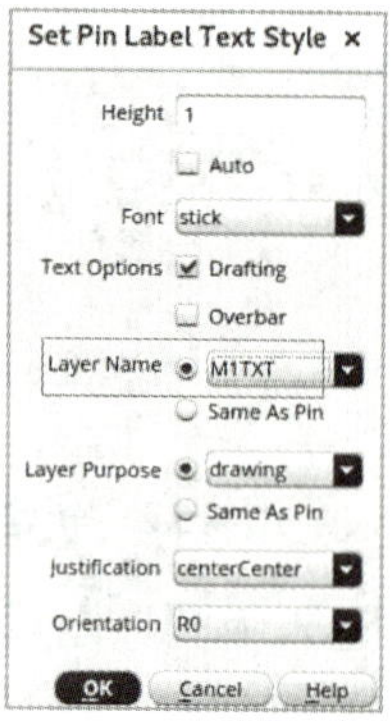

图 4.5.7　Pin Label 选择

⑤ 以上设置完成后，单击 OK 按钮，生成版图器件，如图 4.5.8 所示。单击移动器件时，原理图上会标示出该器件的位置，同时在版图编辑界面上也会显示飞线反应器件之间的连线关系。

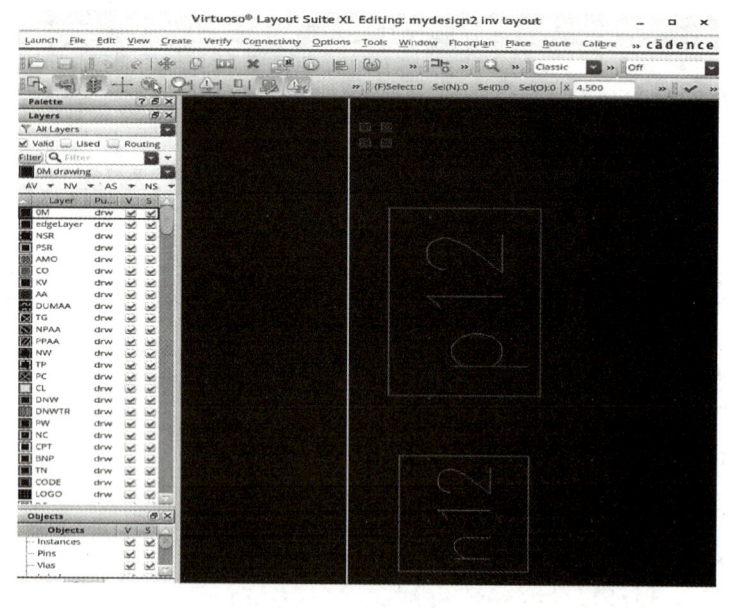

图 4.5.8　生成的版图器件

⑥ 删除 Pin。需要选中中间小方块进行删除，不要只删除 Label。删除后只剩下 MOS 管。

⑦ 在版图编辑界面使用 Shift+f 快捷键来显示器件的版图，并将端口移到合适位置，如图 4.5.9 所示。

⑧ 对版图进行连线。

绘制 PMOS 管和 NMOS 管的栅极连接和漏极连接。

由于 SMIC 设计规则要求多晶硅 GT 层必须被注入层包围，所以这里我们用金属线连接栅极并打上 M1-GT 孔。注意孔和有源区有间距要求，这里可以画一小节 GT 层将栅极延长，同时画一小节 SP 层将注入层延长。NMOS 管部分也是一样。漏极直接用金属线连接。版图连线如图 4.5.10 所示。

连线时注意将视图放大，矩形之间边框要对齐，否则后面 DRC 验证容易报错。

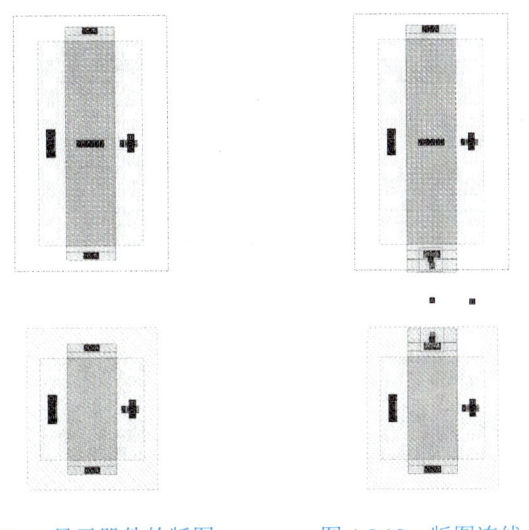

图 4.5.9　显示器件的版图　　　图 4.5.10　版图连线

⑨ 绘制衬底接触。

使用快捷键 o 进行绘制，类型选择 M1_NW，数量选择 8 个，绘制 PMOS 管的衬底接触。单击 Rotate 按钮可以使其旋转 90 度，如图 4.5.11 所示。

图 4.5.11　绘制 PMOS 管的衬底接触

若类型选择 M1_SUB，数量选择 8 个，则绘制的是 NMOS 管的衬底接触。同样单击 Rotate 按钮使其旋转 90 度，如图 4.5.12 所示。

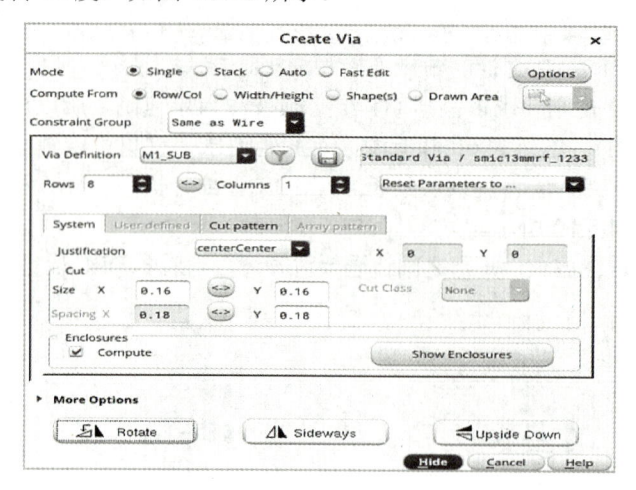

图 4.5.12　绘制 NMOS 管的衬底接触

⑩ 绘制源区和衬底接触的连接，注意金属线和孔的对齐。绘制的版图如图 4.5.13 所示。

图 4.5.13

图 4.5.13　绘制源区和衬底接触的连接

⑪ 给 PMOS 管打阱。因为整个界面背景就是一个 P 型衬底，而 NMOS 管是做在 P 衬底上的，所以 NMOS 管不需要打阱。而 PMOS 管要绘制 NW（PMOS 的衬底），NW 要包围住 PMOS 管和它的衬底接触，如图 4.5.14 所示。

⑫ 绘制端口连线，如图 4.5.15 所示。

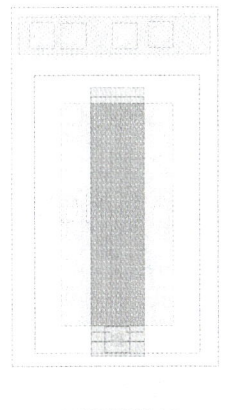

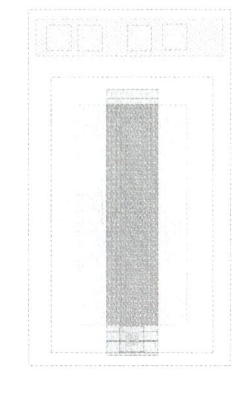

图 4.5.14　PMOS 管打阱　　　　图 4.5.15　端口连线

在 M1 层中用长条矩形绘制出输入端口和输出端口的连线，并选择 Create→Label 命令创建 Label。注意：这里输入的名称要和原理图中的节点一致，如 VDD、GND、A、B。然后将 Label 放到正确的位置上。可以通过改变 Height 参数来改变字体大小，如图 4.5.16 所示。

放置 Label 时出现的小"十"字，有辅助识别连接的作用，要将小"十"字放在 Label 标记的地方，如图 4.5.17 所示。

图 4.5.16　创建 Label

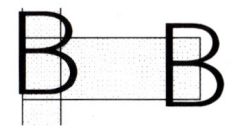

图 4.5.17　放置 Label

（2）DRC 验证。

① 选择 Calibre→Run nmDRC 命令，弹出的对话框如图 4.5.18 所示。规则文件选择如图 4.5.19 所示。选好规则文件的 DRC 验证界面如图 4.5.20 所示。

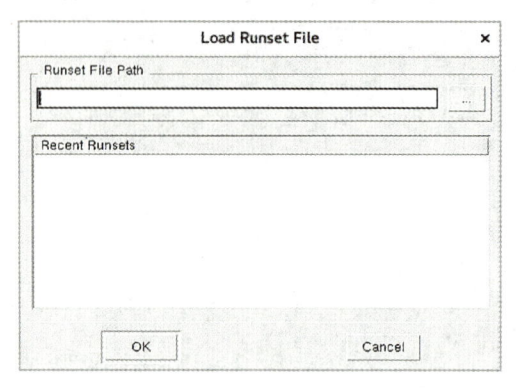

图 4.5.18　Load Runset File 对话框

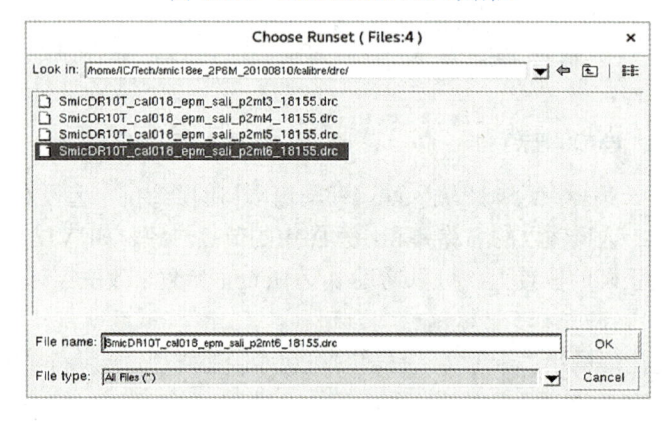

图 4.5.19　规则文件选择

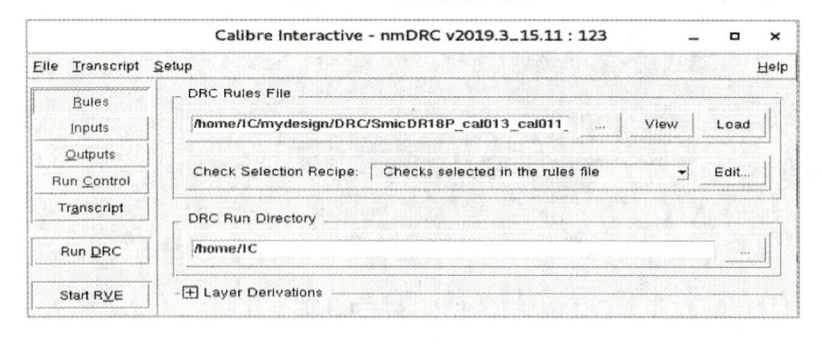

图 4.5.20　选好规则文件的 DRC 验证界面

规则文件位置如报错，则再重新选择。

单击 Run DRC 按钮得到 DRC 验证结果。

② 选择 Show Not Waived 选项，在弹出的下拉菜单中筛选出不满足规则的条项，如图 4.5.21 和图 4.5.22 所示。

图 4.5.21　选择 Show Not Waived 选项

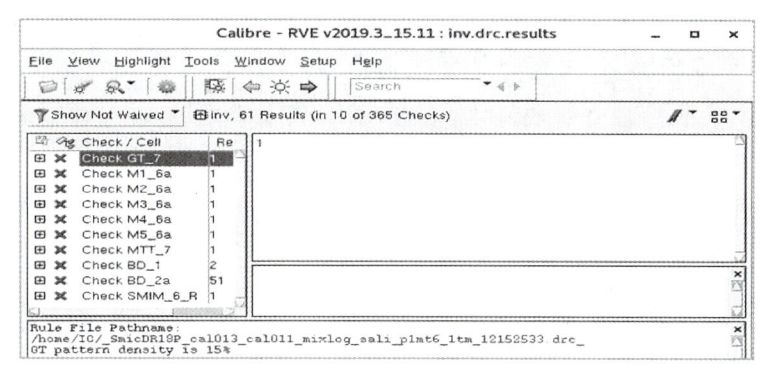

图 4.5.22　不满足的规则

在进行小模块设计时，密度（density）要求不会得到满足，只有在进行大芯片总体版图设计时，才会填充金属来满足工艺的密度要求，所以本次实验可以忽略掉密度问题。BD 为边界（boundary）问题，这里也被忽略掉。

其他问题需要相应对版图进行修改。修改时单击 Check/Cell 按钮，在下面一栏中会提示错误类型，单击右边框的错误数字，版图上会高亮显示错误位置，进而进行修改。

修改版图后保存，再次进行 DRC 验证，得到新的结果。

③ 最终 DRC 验证结果需要和图 4.5.23 中的结果一致，即只有 density 和 BD 的问题，其他问题都已经被修复。

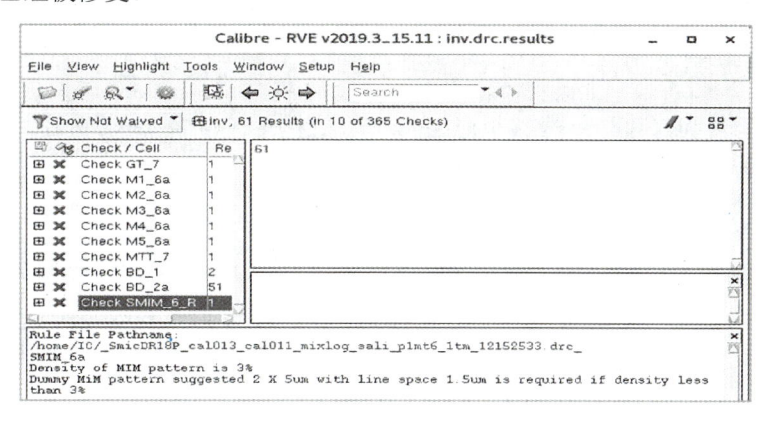

图 4.5.23　问题修复后的 DRC 结果

（3）LVS 验证。

选择 Calibre→Run nmlvs 命令。

选择 LVS 规则文件和 LVS 规则文件路径，如图 4.5.24 和图 4.5.25 所示。

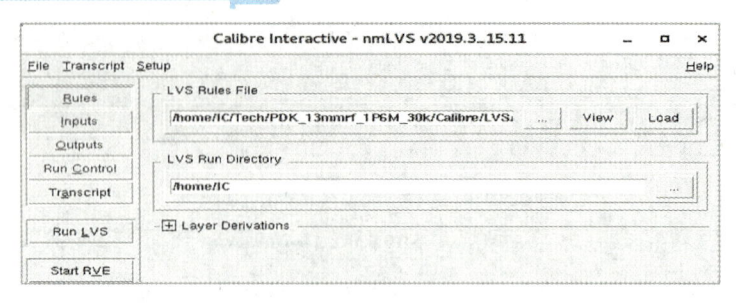

图 4.5.24　选择 LVS 规则文件

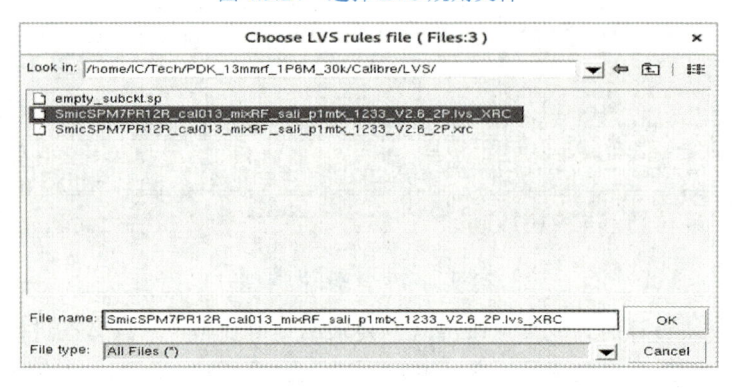

图 4.5.25　选择 LVS 规则文件路径

在 Inputs 选项卡的 Netlist 选项卡中，勾选 Export from schematic viewer 选项，从原理图中导出网表。在 Layout 选项卡中，也要选中 Export from layout viewer 选项，如图 4.5.26 所示。

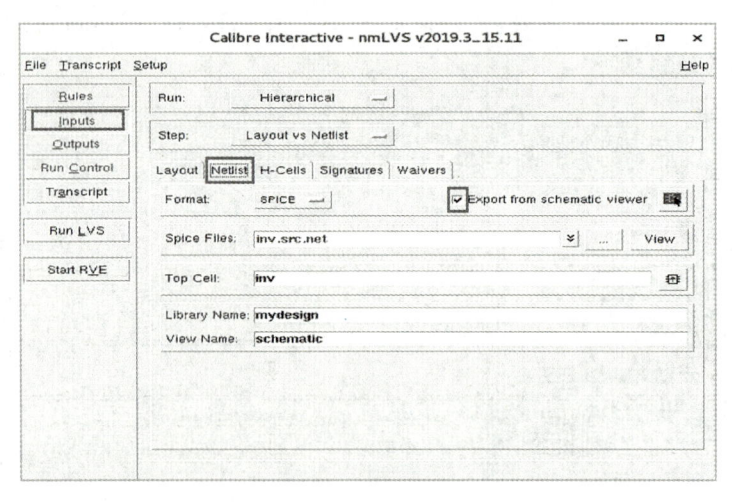

图 4.5.26　LVS Inputs 设置

单击 Run LVS 按钮，单击 OK 按钮，最终 LVS 验证结果如图 4.5.27 所示。

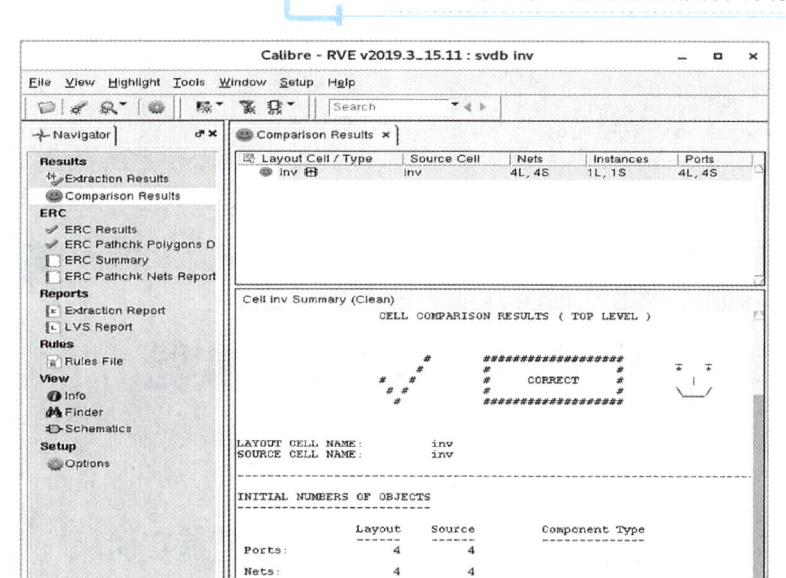

图 4.5.27　LVS 验证结果

第 5 章

集成电路制造工艺实验

实验一　晶体生长、晶圆片制造实验

一、实验目的

通过仿真实验平台，了解晶体生长及晶圆片制造这一工艺流程。

二、实验仪器

计算机；集成电路工艺虚拟仿真实验平台。

三、实验原理

熔融的单质硅在凝固时，硅原子以金刚石晶格的形式排列成许多晶核，如果这些晶核生长成晶面取向相同的晶粒，则这些晶粒平行结合起来便结晶成单晶硅。单晶硅的制法通常是先制得多晶硅或无定形硅，然后通过不同的晶体生长方法从熔体中生长出棒状单晶硅。常见的晶体生长方法包括直拉法（Gzochralski，CZ）、悬浮区熔法（Float-Zone，FZ）和外延生长法。直拉法、悬浮区熔法生长单晶硅棒材，外延生长法生长单晶硅薄膜。

单晶硅圆片按其直径分为 6 英寸[①]、8 英寸、12 英寸及 18 英寸等。直径越大的圆片，所能刻制的集成电路越多，芯片的成本也就越低。但大尺寸晶片对材料和技术的要求也越高。拉制单晶硅棒以后，需要经过一系列的加工操作才能最终生产出可作为衬底的晶圆片。

四、实验内容及步骤

1. 选择实验内容

选择"相关实验内容"选项，进入该实验操作设备前，实验内容选择界面如图 5.1.1 所示。

---

① 1 英寸=0.0254 米。

第 5 章　集成电路制造工艺实验

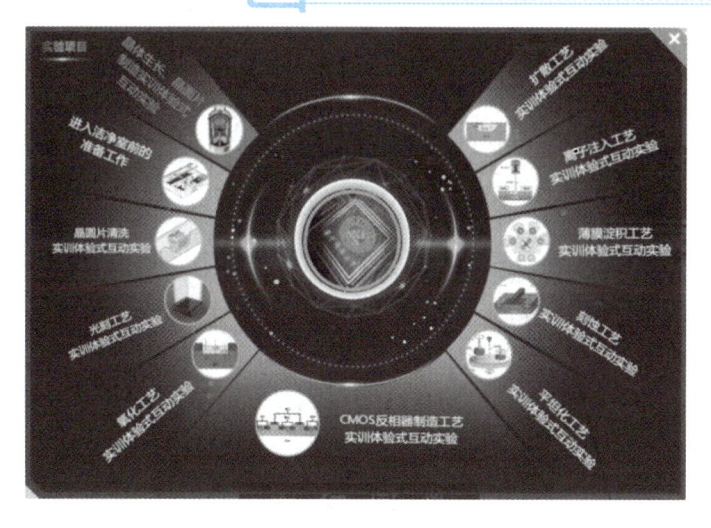

图 5.1.1　实验内容选择界面

2. 选择实验模式

如果选择学习模式，操作者可以从左侧实验步骤中选择任意模块进行操作；如果选择考核模式，操作者可以从实际工艺流程往下一步一步操作，并记录学生考核的问题及操作步骤分数。

3. 实验操作指导界面

实验操作指导界面介绍了本工艺知识点及操作者在实验过程中的操作指导，实验操作指导界面如图 5.1.2 所示。

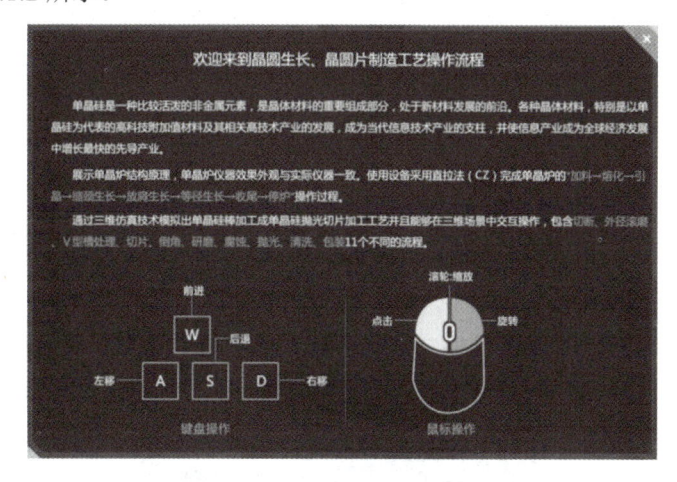

图 5.1.2　实验操作指导界面

4. 拉单晶实验工艺

① 配料：按照生产计划进行每炉原料的配重和计算，使产品的质量参数达到预期要求；将原、辅料分发至炉前。配料筒如图 5.1.3 所示。

图 5.1.3 配料筒

操作方法：单击"配料筒"，在弹出的"拉晶指示书"对话框中（图 5.1.4），审核原料，若无问题，单击"确认"按钮，原料审核通过。

图 5.1.4 "拉晶指示书"对话框

② 装炉：按热系统设计方案装配系统零部件，同时将多晶硅原材料、掺杂剂放入单晶炉承载原料的容器（石英坩埚）内。

操作方法：单击"石英坩埚"，进入石英坩埚检查场景，进行 360 度检查后，单击"确认检查无误"按钮。

单击打开控制柜的"电源"按钮，电源开关指示灯亮，开启设备电源。设备电源如图 5.1.5 所示。

图 5.1.5 设备电源

单击"主炉室开/关"按钮,主炉室打开。单击"石英坩埚",将石英坩埚放入炉室。单击"配料筒",弹出"装炉顺序"对话框,选择正确后,关闭对话框;选择错误,不允许进行下一步。"装炉顺序"对话框如图5.1.6所示。

图5.1.6 "装炉顺序"对话框

选择正确后,配料筒中的原料将自动放入石英坩埚中。再次单击"主炉室开/关"按钮,主炉室关闭。

③ 抽真空:启动真空泵对单晶炉抽真空,在规定时间内达到设备的最低真空、压升率要求。

操作方法:单击"球阀开关"(球阀的作用是控制真空阀门)按钮,球阀打开,球阀灯亮。再次单击"真空启/停"按钮,真空泵打开,开始抽真空。真空度(1Torr=133Pa)从 $1.0×10^5$Pa(789.47Torr)降低到 $3.0×100$~$3.99×100$Pa 之间(3Torr 以下),耗时 10s,然后真空度稳定。抽真空期间充氩气(Ar)3 遍(Ar 气流量显示为 100,开关 3 次氩气即可),以替换出内部气体。

④ 加热:给单晶炉通入氩气后通电,保持单晶炉设备真空,符合拉晶要求,按挡调节进行加热化硅。

操作方法:单击"氩气启/停"按钮,氩气充入炉室,Ar 气流量显示为 40,主炉室压力显示为 $1.00×10^3$Pa(单晶生长压力要求在 1000Pa 附近)。

⑤ 化硅:在规定加热功率下熔化硅料。调节温度在硅的熔点(1412℃)以上进行化料,将炉料全部熔化完毕,并使炉内温度趋于稳定。

操作方法:单击"加热启/停"按钮,进行加热;温度逐渐(15s 左右)上升到 1412℃,硅不熔化;温度稳定在熔点 1412℃(温度稳定后 15s),硅开始熔化,直到完全熔化;然后温度逐渐(15s 左右)上升到 1470℃,保持温度稳定。该过程中电压为 220V,电流=电压/功率,单位为 kA。功率自动从 30kW→90kW→70kW。按 F3 键,切换仪器透视效果,融化透视效果如图 5.1.7 所示。

⑥ 接种:待炉内温度稳定到适合引晶的温度时,将籽晶慢慢接触熔化后的硅液面上方,使之预热后,籽晶将自动吸附在液面上。待光圈稳定后提升拉速,进入下一工艺流程。接种时温度尽可能高一点。

操作方法：温度稳定在 1470℃后，输入提升速度（提升速度 SL 范围为 0.2～500mm/min），要求提升速度小于 100mm/min。

单击"晶快降"按钮，籽晶开始下降，并慢慢接触熔化后的硅液面。当籽晶稍微浸没于液面时，周围产生一个光圈，光圈变大，最后稳定。单击"晶快降"按钮，通过打开和关闭来控制下降的位置。接种效果如图 5.1.8 所示。

图 5.1.7　融化透视效果　　　　　图 5.1.8　接种效果

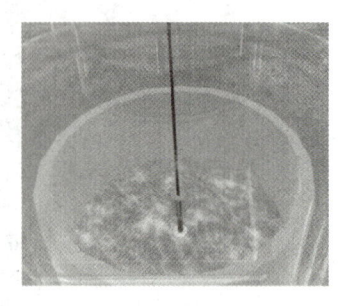

⑦ 引晶：根据炉内的温度，按一定的提升速度变化范围提升籽晶，按规定长度要求生长规定直径的细径单晶。

操作方法：输入提升速度（提升速度 SL 范围为 0.2～500mm/min），要求提升速度小于 100mm/min；单击"晶快升"按钮，通过打开和关闭来控制提升位置。引晶结束后，单击"人工操作"按钮，切换到"自动操作"状态，自动完成放肩、转肩、等径、收尾过程。

⑧ 放肩：当单晶的缩颈长度、细径部分直径符合要求后，降低拉速和控制温度使单晶直径向径向防线逐渐生长，并达到所需的直径尺寸要求。在放肩快结束时，校正 CCD 上的晶体直径读数与实际值一致。放肩效果如图 5.1.9 所示。

⑨ 转肩：晶体直径在规定范围内生长，控制直径，使晶体由横向生长变成纵向生长。提高拉速使晶体直径在规定范围内等径生长。转肩效果如图 5.1.10 所示。

⑩ 等径：放肩符合要求后，晶体生长步长清零并给定合适的等径过跟比，待直径趋于稳定后，通过计算机控制其自动生长，晶体将在自动条件下生长到规定长度。等径效果如图 5.1.11 所示。

⑪ 收尾：在长晶的最后阶段，为防止热冲击造成单晶等径部分出现滑移线而进行的逐步缩小直径的过程。当石英坩埚内炉料剩余到一定程度之后，通过收尾控制使单晶直径缓慢变细，直至排除尾错后与液面脱离。收尾效果如图 5.1.12 所示。

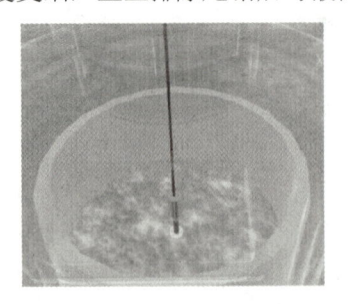

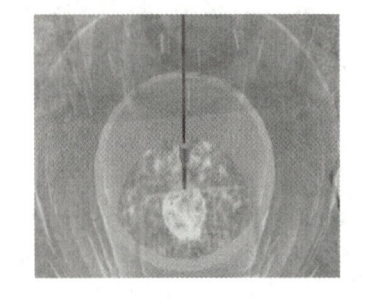

图 5.1.9　放肩效果　　　　　图 5.1.10　转肩效果

图 5.1.11　等径效果　　　　　　　图 5.1.12　收尾效果

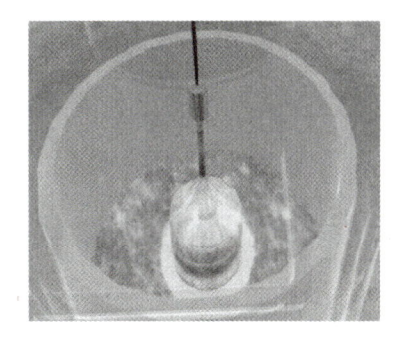

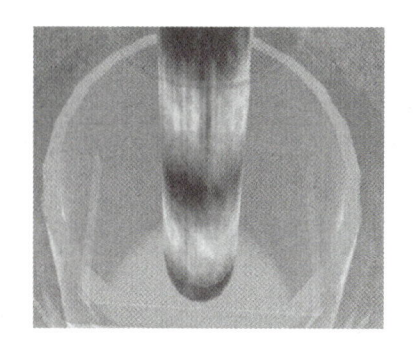

⑫ 停炉：根据工艺要求使炉内逐次降温，同时使计算机的参数清零，石英坩埚停止旋转。使用氩气对炉室进行冷却保护，待炉内发暗后停止通入氩气，抽真空并关闭球阀，记录压升率，给下炉和开炉提供数据。

操作方法：单击"加热启/停"按钮关闭加热。温度逐渐（15s 左右）从 1420℃下降到 500℃以下（炉内发暗），停止通入氩气，真空度逐渐达到 3.0×100~3.99×100Pa 之间；当温度低于 40℃以下，单击"真空启/停"按钮，真空泵关闭，气压逐渐回升到 1.05×10^5Pa，温度最终会降低到室温（26℃）。

⑬ 清炉：取出晶体，清理单晶炉设备及热系统工件的表面杂质、附着物及缝隙处的杂质、附着物。经清理后设备应符合投料开炉的要求。

操作方法：单击"主炉室开/关"按钮，主炉室开关打开。单击"小车"，小车自动移动到炉盖下方，晶棒自动下降到小车上。单击"晶棒"上端，晶棒则被切断。

⑭ 晶棒：将取出的晶棒及石英坩埚底料等送入原料间，进入后道生产工序。

晶棒被切断后，小车自动载着晶棒移动到加工车间，进入后道生产工序。进入后道生产工序如图 5.1.13 所示。

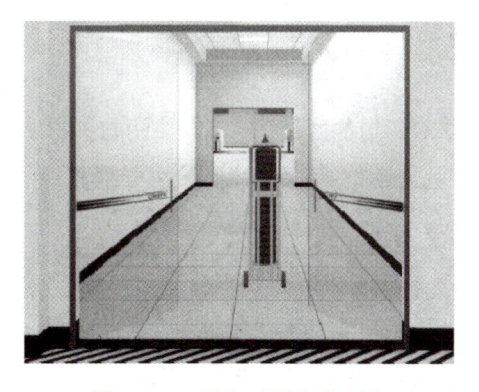

图 5.1.13　进入后道生产工序

5. 切断工艺

① 打开单线锯机箱盖。

操作方法：单击"箱盖"，箱盖自动打开。

② 放置晶棒。

操作方法：单击"小车"上的"晶棒"，晶棒自动放置到线锯载物台上。

③ 关闭单线锯机箱盖。

操作方法：再次单击"箱盖"，箱盖自动关闭。

④ 打开金刚石单线锯机电源。

操作方法：单击"单线锯机控制柜"上的"电源"按钮，打开电源。

⑤ 开启冷却液。

操作方法：单击"启动冷却液"按钮，打开冷却液。

⑥ 开始进行切割。

操作方法：单击"单线锯机控制柜"上的 Run 按钮，开始进行切割。

⑦ 关闭金刚石单线锯机。

操作方法：切割完毕后，单击"单线锯机控制柜"上的 Stop 按钮，线锯机停止转动。

⑧ 关闭冷却液。

操作方法：单击"关闭冷却液"按钮，关闭冷却液。

⑨ 切割完毕后，再次打开单线锯机箱盖。

操作方法：单击"箱盖"，箱盖自动打开。

⑩ 取下晶棒。

操作方法：单击载物台上的"晶棒"，晶棒移动到滚磨机床载物台上。

6. 外径滚磨、开槽工艺

① 根据单晶的长度，调整尾座位置，固定限位。

② 找正：测量加工工件长短，确定尾座的位置，查看夹具是否合适、工件两端是否平整。将工件架好，检查夹具的松紧程度是否合适。

操作方法：晶棒放置完毕后，指示灯闪烁；单击"晶棒"按钮，弹出"单晶棒已固定到合适位置"对话框，同时摄像头显示左右两端固定好的特效。

③ 确认夹紧后将机器的防护罩装好，将所有工具放回原位，检查移动部位有无障碍物，关闭防护罩。

操作方法：分别单击左右两边的"防护罩"，关闭防护罩，如图 5.1.14 所示。

图 5.1.14　关闭防护罩

④ 查看指示灯是否正常，然后按操作规程启动设备。当设备正常运行 1min 后，开启冷却液，调整冷却液水流的大小和与砂轮之间的距离，以间距 6cm 为宜。

操作方法：单击"电源"按钮，电源指示灯亮，如图 5.1.15 所示。单击"开启冷却液"按钮，冷却液开启，如图 5.1.16 所示。

图 5.1.15　打开设备电源　　　　　　图 5.1.16　冷却液开启

⑤ 一切正常后方可启动机器，开始滚磨。

操作方法：单击"开始滚磨"按钮，开始进行滚磨，滚磨完成后，自动进行平边。

⑥ 滚磨工作结束后，停水、停电。

操作方法：单击"关闭冷却液"按钮，冷却液关闭；单击"电源"按钮，电源关闭，指示灯灭。

⑦ 取出晶棒。

操作方法：鼠标分别单击左右两边的"防护罩"，打开防护罩。单击载物台上的"晶棒"，晶棒移动到晶棒运输小车上，晶棒运输小车自动移动到多线切割机前。

7. 切片工艺

① 领取晶棒：需要核对随工单、晶体编号、长度、有无崩边、有无未倒角裂纹。

操作方法：单击"晶棒运输小车"，打开"随工单"对话框进行检查确认。晶圆随工单如图 5.1.17 所示。

图 5.1.17　晶圆随工单

② 先把晶棒表面的胶刮干净，再用酒精把表面擦干净，注意晶拖两侧的胶要刮干净，燕尾槽内涂抹润滑油脂。

③ 先把晶棒装到夹具上，然后把晶棒下表面再次擦拭干净，用装卸棒起升车将其装到多线切割机上。

操作方法：单击"晶棒"，将晶棒自动装到夹具上，标注文字消失。

④ 打开主电源开关。

操作方法：单击"主电源开关"按钮，打开主电源。

⑤ 打开操作系统。

操作方法：单击"操作系统"按钮，打开操作系统。

⑥ 打开砂浆，看砂浆是否连续。

操作方法：单击"打开砂浆"按钮，砂浆启动。

⑦ 关门，开始双向热机 10～30min，对应程序等待 10s。

操作方法：单击"防护门"，防护门关闭。单击"开始热机"按钮，开始热机按钮对应指示灯亮，显示热机进度条，热机结束后指示灯灭。

⑧ 停止热机，检查是否有跳线，如有跳线则处理跳线后再次热机，直到没有跳线为止。

操作方法：单击"停止热机"按钮，检查是否有跳线。

⑨ 进行切片。

操作方法：单击"切片"按钮，开始进行切片。

⑩ 停机，先关闭操作系统，再关闭主电源开关。

操作方法：切片完成后，单击"关闭砂浆"按钮，关闭砂浆。再次单击"操作系统"按钮，关闭操作系统。再次单击"主电源开关"按钮，关闭主电源。

⑪ 取出晶圆片。

操作方法：再次单击"防护门"，防护门打开。单击"晶圆"，晶圆被自动放入晶圆匣中。单击"晶圆匣"，晶圆匣自动放置到倒角机指定位置。

8. 腐蚀

① 配腐蚀剂。实验中使用碱腐蚀方法，腐蚀剂为 KOH 溶液。

操作方法：单击腐蚀水槽的"操作面板"按钮，弹出操作面板界面。

KOH 的浓度为 30%～50%，正确输入浓度后，单击"确定"按钮，弹出参数设置对话框，如图 5.1.18 所示。

图 5.1.18 参数设置对话框

② 厚度分选。

操作方法：单击"晶圆匣"，弹出厚度分选界面，在进行晶圆厚度分选时，分选厚度设置为 2～5μm，输入正确后，单击"确定"按钮；晶圆匣放置到待腐蚀位置，厚度参数设置对话框如图 5.1.19 所示。

图 5.1.19　厚度参数设置对话框

③ 腐蚀过程。

操作方法：单击腐蚀水槽的"操作面板"按钮，弹出操作面板界面。

设置反应温度为 60～120℃，时间为 10min，腐蚀层厚度为 10～20um。

正确输入参数后，单击"确定"按钮，开始播放进行腐蚀过程动画，腐蚀参数设置对话框如图 5.1.20 所示。

图 5.1.20　腐蚀参数设置对话框

④ 腐蚀结束。

操作方法：腐蚀完成后，单击腐蚀完成后的"晶圆匣"，晶圆匣移动到抛光机床旁边的小车上。

9. 清洗

针对硅抛光片的清洗方法，由于用不同的抛光方式（有蜡或无蜡）得到的抛光片，其被各种类型的杂质污染的情况各不相同，则清洗的侧重点各不相同，下述各清洗步骤的采用与否及清洗次数的多少也各不相同。清洗设备如图 5.1.21 所示。

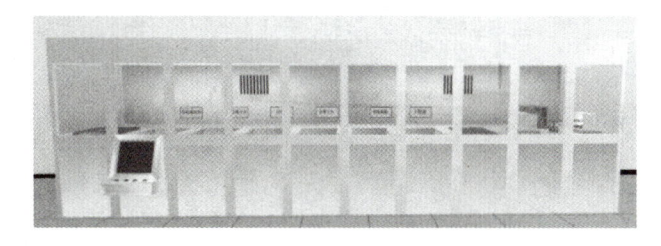

图 5.1.21　清洗设备

① 开启设备电源。

操作方法：单击"电源"按钮，开启清洗设备的电源。

② 开启清洗设备，连通水槽，通风。

操作方法：单击"通风开启/关闭"按钮，开启通风。

③ 准备冲洗水。

操作方法：单击"冲洗水开启/关闭"按钮，开启冲洗水。

④ 设定清洗流程，进行清洗。

操作方法：单击"操作面板"按钮，弹出清洗流程控制面板；单击 RUN 按钮，开始进行自动清洗。

⑤ 关闭冲洗水。

操作方法：再次单击"冲洗水开启/关闭"按钮，关闭冲洗水。

⑥ 清洗结束。

操作方法：单击清洗完毕的"晶圆提篮"，晶圆提篮将被自动放置到包装设备台上，进行自动包装。

10. 包装

操作方法：单击"包装机设备电源"按钮，自动进行硅片包装。将成品用柔性材料进行分隔、包裹、装箱。

五、思考题

1. 如果籽晶是{100}晶向，拉出的晶体是什么晶向？
2. 分析研磨与抛光的区别。
3. 为什么晶圆片的边缘是圆的？
4. 简述拉单晶工艺流程步骤。

实验二　氧化实验

一、实验目的

通过仿真实验，对氧化工艺的原理及步骤进行详细的了解。

二、实验仪器

计算机；集成电路工艺虚拟仿真实验平台。

三、实验原理

在氧化过程中，硅的最上层为二氧化硅。表面污染物被包裹在新形成的氧化层中，从而远离了电子活性表面。其他污染物被禁锢在二氧化硅膜中，这样对器件而言伤害是很小的。二氧化硅膜的制备方法有很多，生产上常用的有热氧化生长法、掺氯氧化法、热分解淀积法三种。

四、实验内容及步骤

1. 选择实验内容

选择"相关实验内容"选项，进入该实验操作设备前的实验内容选择界面，如图 5.2.1 所示。

图 5.2.1　实验内容选择界面

2. 选择实验模式

如果选择学习模式，操作者可以从左侧实验步骤中选择任意模块进行操作；如果选择考核模式，操作者可以从实际工艺流程往下一步一步操作，并记录学生考核的问题及操作步骤分数。实验模式选择界面如图 5.2.2 所示。

图 5.2.2　实验模式选择界面

3. 实验操作指导

实验操作指导界面介绍了本工艺知识点及实验过程中的操作指导。实验操作指导界面如图 5.2.3 所示。

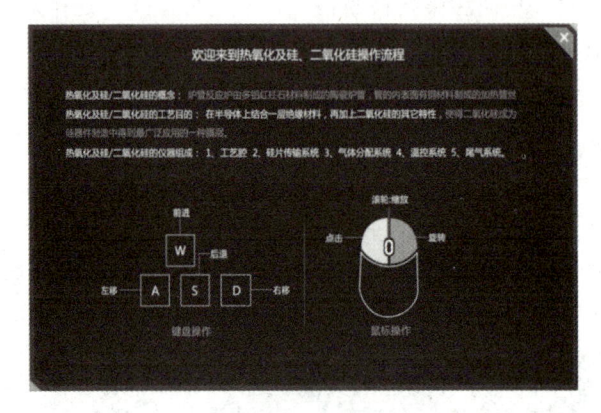

图 5.2.3　实验操作指导界面

4. 氧化炉设备实验操作步骤

① 介绍设备结构：单击"设备"按钮，弹出设备介绍信息，单击"下一步"按钮继续介绍设备相关结构。设备介绍信息如图 5.2.4 所示。

图 5.2.4　设备介绍信息

② 检查机台状态:"漫游"状态走到"氧化炉"操作台,单击"控制面板"按钮,弹出控制面板窗口,检查机台状态。

③ 将晶圆放置到氧化炉进料处内:单击"氧化炉"操作台旁边小车上的"晶圆匣",晶圆匣自动放置到待处理处。

④ 单击设备控制面板上的"参数设置"按钮,弹出氧化参数设置界面,确定参数设置。氧化参数设置界面如图 5.2.5 所示。

⑤ 单击 Edit 按钮,选择氧化方式、氧化温度,输入氧化时间,单击"计算氧化厚度"按钮,最后单击"开始氧化"按钮,输出的氧化层生长曲线如图 5.2.6 所示。

图 5.2.5　氧化参数设置界面　　　　图 5.2.6　氧化层生长曲线

⑥ 上料完成后,关闭氧化炉舱门。

⑦ 关闭舱门后,进行加热,通入气体。

⑧ 进行氧化,观察氧化动画效果。单击设备控制面板上的"原理展示"按钮,弹出氧化原理动画展示界面如图 5.2.7 所示。

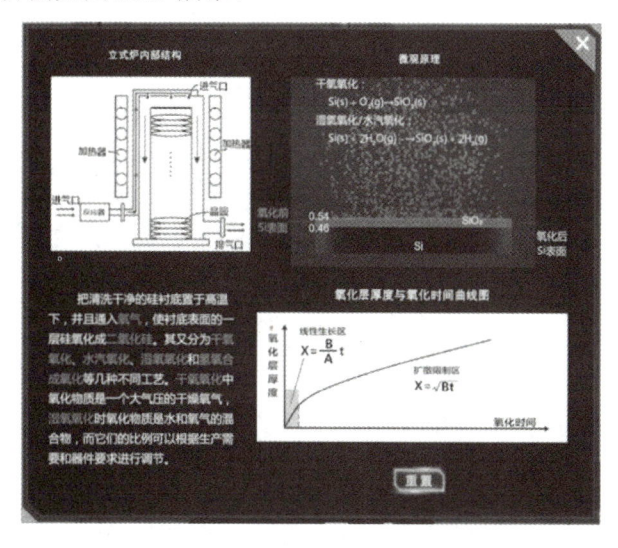

图 5.2.7　氧化原理动画展示界面

⑨ 氧化后，炉管内缓慢降温，待晶圆冷却至室温后，取出晶圆片。

⑩ 实验操作结束，请继续进行其他实验项目。退出实验时，保存该实验数据记录，退出实验界面如图 5.2.8 所示。

图 5.2.8 退出实验界面

五、思考题

1. 列出硅器件中，二氧化硅膜的三种基本用途。
2. 列出在热氧化反应中的两种氧化剂。
3. 决定氧化厚度的三个因素是什么？

实验三　扩散实验

一、实验目的

通过仿真实验，对扩散工艺的原理及步骤进行详细的了解。

二、实验仪器

计算机；集成电路工艺虚拟仿真实验平台。

三、实验原理

扩散是达成导电杂质掺染的初期重要工艺过程。扩散的发生需要两个必要的条件：第一，一种材料的浓度必须高于另一种；第二，系统内部必须有足够的能量使高浓度的材料进入或通过另一种材料。扩散的原理被用来将 N 型或 P 型杂质掺入半导体表层及深度区域。

四、实验内容及步骤

1. 选择实验内容

选择"相关实验内容"选项，进入该实验操作设备的实验内容选择界面，如图 5.3.1 所示。

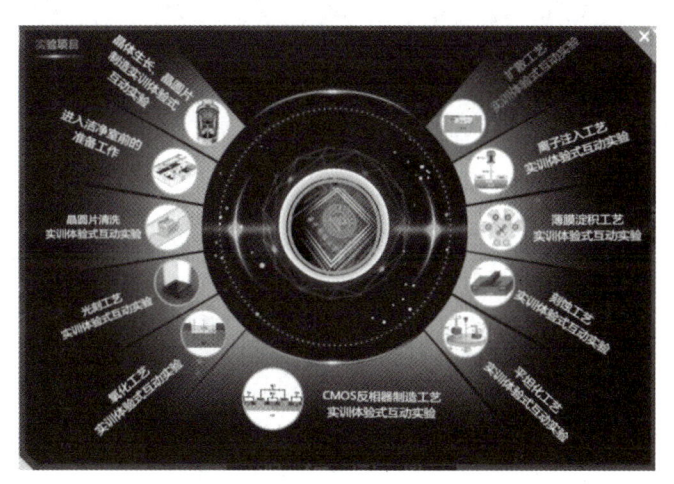

图 5.3.1　实验内容选择界面

2. 选择实验模式

如果选择学习模式，操作者可以从左侧实验步骤中选择任意模块进行操作；如果选择考核模式，操作者可以从实际工艺流程往下一步一步操作，并记录学生考核的问题及操作步骤分数。实验模式选择如图 5.3.2 所示。

图 5.3.2　实验模式选择

3. 实验操作指导

实验操作指导界面介绍了本工艺知识点及操作者在实验过程中的操作指导。实验操作指导界面如图 5.3.3 所示。

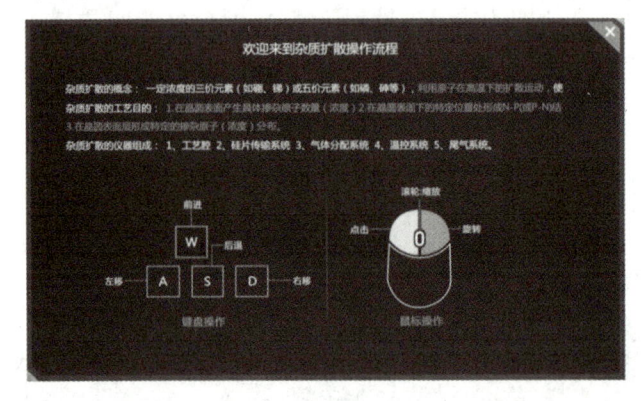

图 5.3.3　实验操作指导界面

4. 扩散炉设备实验操作步骤

① 介绍设备结构。单击"设备"按钮,弹出设备介绍信息,单击"下一步"按钮继续介绍设备相关结构。设备介绍信息如图 5.3.4 所示。

图 5.3.4　设备介绍信息

② 检查机台状态。"漫游"状态走到"扩散炉"操作台,单击"控制面板"按钮,弹出控制面板窗口,检查机台状态。

③ 将晶圆放置到扩散炉进料处内。单击"扩散炉"操作台旁边小车上的"晶圆匣",晶圆匣自动放置到待处理窗口中。

④ 单击设备控制面板上的"参数设置"按钮。

⑤ 单击 Edit 按钮,可输出扩散曲线。Edit 界面如图 5.3.5 所示。

⑥ 选择扩散时间与杂质浓度,计算扩散结深。"扩散预淀积过程"界面如图 5.3.6 所示。

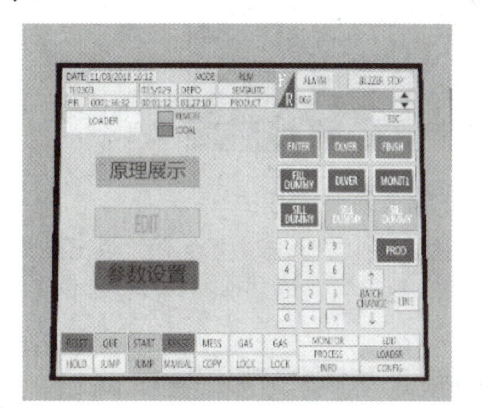

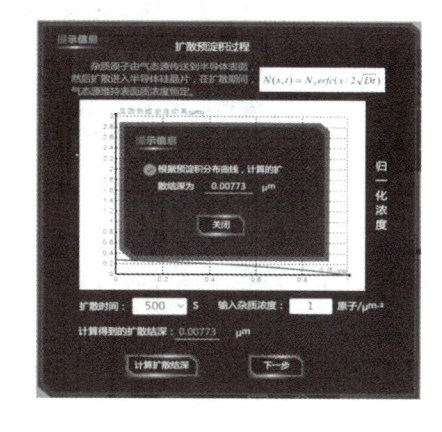

图 5.3.5　Edit 界面　　　　　　　　图 5.3.6　"扩散预淀积过程"界面

⑦ 单击"下一步"按钮,显示定量扩散曲线,选择扩散时间、杂质浓度,计算扩散结深。单击"扩散"按钮,弹出的"扩散主扩散过程"界面如图 5.3.7 所示。

图 5.3.7　"扩散主扩散过程"界面

⑧ 上料完成后,关闭炉舱门。

⑨ 关闭舱门后进行 $POCl_3$ 加热,通入气体。

⑩ 进行扩散,观察扩散动画效果。

单击设备控制面板上的"原理展示"按钮,弹出扩散原理动画展示界面如图 5.3.8 所示。

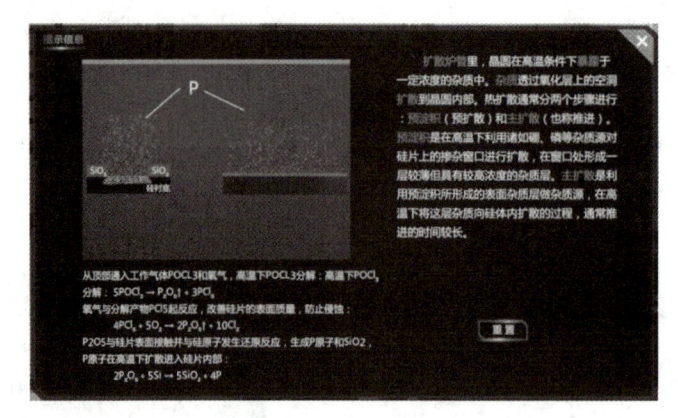

图 5.3.8　扩散原理动画展示界面

⑪ 扩散后,炉管内缓慢降温,待晶圆冷却至室温后,打开扩散炉舱门,取出晶圆片。

⑫ 实验操作结束,请继续进行其他实验项目。退出实验时,保存该实验数据记录,退出实验界面如图 5.3.9 所示。

图 5.3.9　退出实验界面

五、思考题

1. 举出扩散工艺中所使用的三种源物质。
2. 扩散与离子注入形成的杂质浓度分布剖面有何不同?
3. 未扩散及扩散不充分的可能原因有哪些?

实验四　离子注入实验

一、实验目的

在扩散工艺过程中，采用离子注入法可以得到图案更精细、浓度更低的杂质掺入。

二、实验仪器

计算机；集成电路工艺虚拟仿真实验平台。

三、实验原理

离子注入法的特点是可以精密地控制扩散法难以得到的低浓度杂质的分布状态。离子注入法克服了扩散的限制，同时还有额外的优势，这些优势包括：离子注入过程中没有侧向扩散，工艺在接近室温下进行，杂质原子被置于晶圆表面的下面，使得宽范围浓度的杂质掺杂成为可能；有了离子注入，可以对晶圆内掺杂的杂质的位置和数量进行更好的控制；光阻和金属层与通常的二氧化硅层一样可以用作杂质掺杂的掩膜。基于这些优点，先进电路的主要杂质掺杂步骤都使用离子注入法完成。

四、实验内容及步骤

1. 选择实验内容

选择"相关实验内容"选项，进入该实验操作设备前，实验选择界面如图 5.4.1 所示。

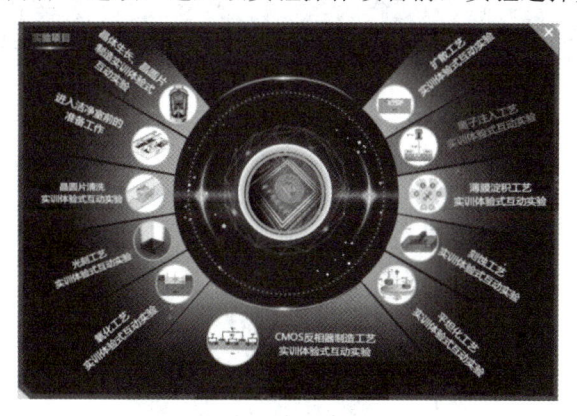

图 5.4.1　实验选择界面

2. 选择实验模式

如果选择学习模式，操作者可以从左侧实验步骤中选择任意模块进行操作；如果选择考核模式，操作者可以从实际工艺流程往下一步一步操作，并记录学生考核的问题及操作步骤分数。选择实验模式如图 5.4.2 所示。

图 5.4.2　选择实验模式

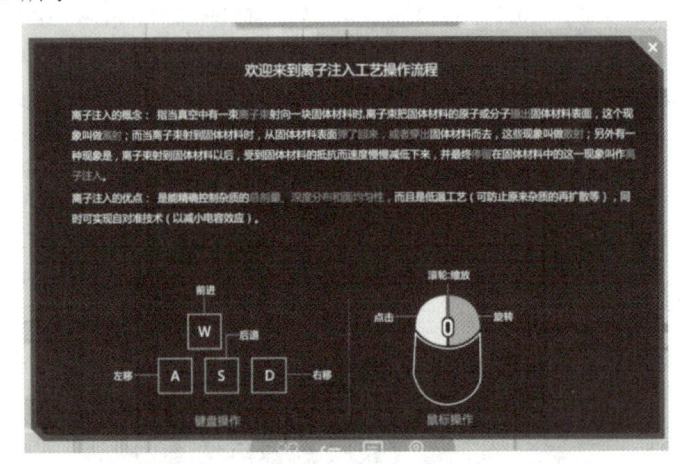

3. 实验操作指导界面

实验操作指导界面介绍本工艺知识点及操作者在实验过程中的操作指导。实验操作指导界面如图 5.4.3 所示。

图 5.4.3　实验操作指导界面

4. 离子注入工艺

① "漫游"状态下走到"离子注入机"操作台，单击推车上的"晶圆盒"，对晶圆进行上料，如图 5.4.4 所示。

图 5.4.4　晶圆上料

② 单击"'离子注入机'操作台"，打开 Recipe Editor 界面，并设置对应参数，参数设置界面如图 5.4.5 所示。

③ 再次单击操作台界面左下角的 Add Cassete 按钮,进入 Add Cassete 界面并设置对应参数,Add Cassete 界面如图 5.4.6 所示,单击 Accept 按钮。

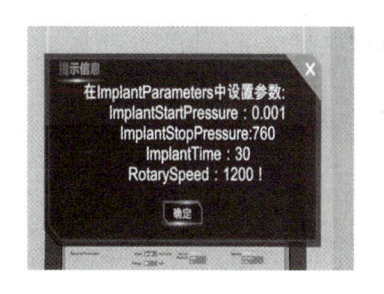

图 5.4.5　参数设置界面

图 5.4.6　Add Cassete 界面

④ 通过单击左侧作业下的各种步骤,可以展示相应的实验步骤操作,如图 5.4.7 所示。

图 5.4.7　实验步骤操作

⑤ 播放完整动画,当弹出"25 片晶圆离子注入完毕!"的提示信息时,单击左侧菜单"下料"按钮,开始卸载晶圆。晶圆离子注入结束界面如图 5.4.8 所示。

图 5.4.8　晶圆离子注入结束界面

⑥ 实验操作结束，请继续进行其他实验项目。退出实验时，保存该实验数据记录，退出实验界面如图 5.4.9 所示。

图 5.4.9　退出实验界面

五、思考题

1. 离子注入设备的主要部件包括哪些？
2. 给出两种离子注入掺杂用到的掩膜。
3. 离子注入后为何需要退火处理？
4. 比较扩散与离子注入工艺的优势和劣势。
5. 离子注入深度受哪些因素影响？

实验五 薄膜淀积实验

一、实验目的

通过仿真实验，对薄膜淀积工艺的原理及步骤进行详细的了解。

二、实验仪器

计算机；集成电路工艺虚拟仿真实验平台。

三、实验原理

薄膜的淀积方法根据其用途的不同而不同。厚度通常小于 1μm 的薄膜有绝缘膜、半导体薄膜、金属薄膜等。薄膜的淀积方法主要有利用化学反应的 CVD（化学气相淀积，Chemical Vapor Deposition）法以及利用物理现象的 PVD（物理气相淀积，Physical Vapor Deposition）法两大类。CVD 法又分为化学气相外延法、热 CVD（如 HWCVD）法、PECVD 法等。PVD 法又分为溅射法和真空蒸发法。一般而言，PVD 法需要的温度低，没有毒气问题；CVD 法通常需要较高温度（例如热 CVD 可达 1000℃以上）将气体解离，来产生化学作用。PVD 法中沉积到材料表面的附着力通常较 CVD 法的差一些。PVD 法适用于光电产业，半导体制程中的金属导电膜大多使用 PVD 法来沉积，而部分绝缘膜（如二氧化硅）则大多采用要求较严谨的 CVD 法来淀积。以 PVD 法淀积的硬质薄膜具有高强度、耐腐蚀等特点。

四、实验内容及步骤

1. 选择实验内容

选择"相关实验内容"选项，进入该实验操作设备前，实验项目选择界面如图 5.5.1 所示。

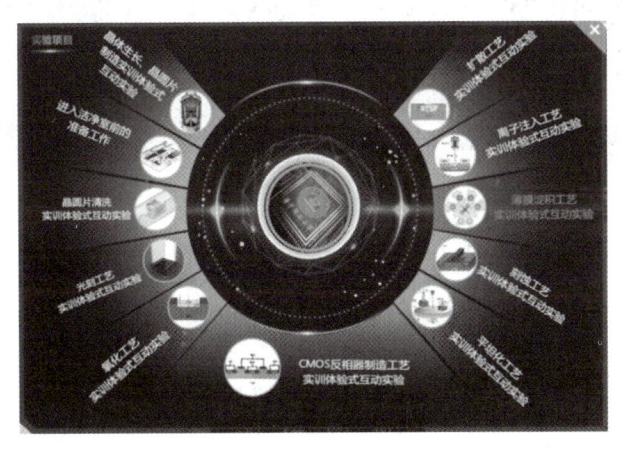

图 5.5.1 选择实验界面

2. 选择实验模式

如果选择学习模式，操作者可以从左侧实验步骤中选择任意模块进行操作；如果选择考核模式，操作者可以从实际工艺流程往下一步一步操作，并记录学生考核的问题及操作步骤分数。实验模式选择界面如图 5.5.2 所示。

图 5.5.2　实验模式选择

3. 实验操作指导界面

实验操作指导界面介绍本工艺知识点及操作者在实验过程中的操作指导，如图 5.5.3 所示。

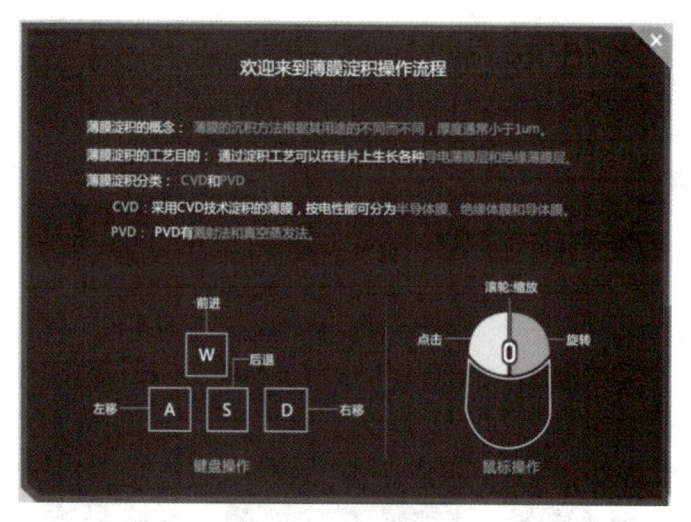

图 5.5.3　实验操作指导

4. 薄膜淀积 CVD 操作流程

① "漫游"状态下走到"仪器室"，单击"气柜"，气柜如图 5.5.4 所示。

图 5.5.4 气柜

② 返回到电脑屏幕前，在 Add New Lot Name 处输入作业名称，如图 5.5.5 所示。
③ 单击 OK 按钮，进行作业名称确认，如图 5.5.6 所示。

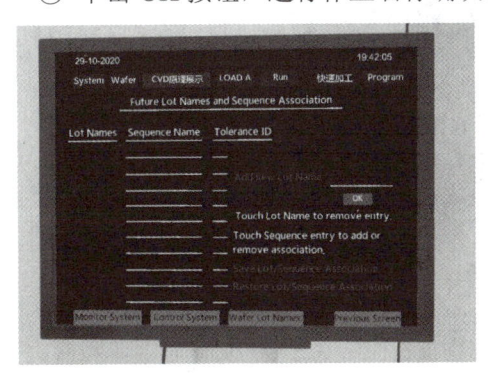

图 5.5.5 输入作业名称　　　　　　图 5.5.6 作业名称确认

④ 单击 Sequence Name 下的第一格，如图 5.5.7 所示。
⑤ 单击 CVD SEQ 按钮，如图 5.5.8 所示。

图 5.5.7 Sequence Name　　　　　　图 5.5.8 CVD SEQ 按钮

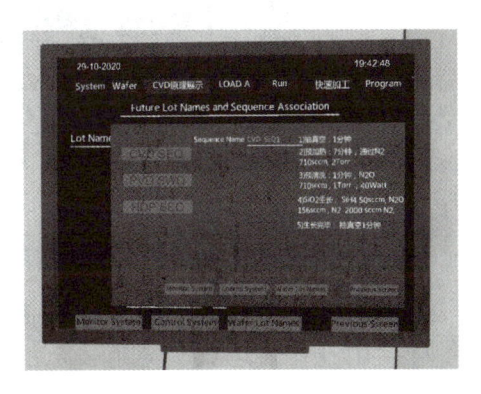

⑥ 单击 Load A 按钮，进行充气加压，如图 5.5.9 所示。

（a）Load A 按钮　　　　　　　　（b）晶圆充气加压

图 5.5.9　晶圆充气加压

⑦ 单击 Run 按钮，如图 5.5.10 所示。

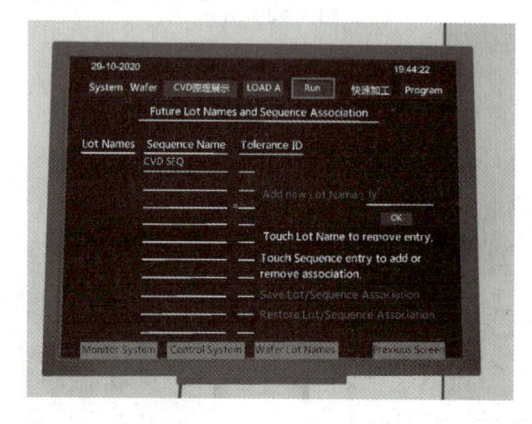

图 5.5.10　Run 按钮

⑧ 取出晶圆。淀积结束后，单击 Load A 按钮，进行充气加压；加压后单击"晶圆"，将晶圆放回原处，如图 5.5.11 所示。

（a）Load A 按钮　　　　　　　　（b）加压后取出晶圆

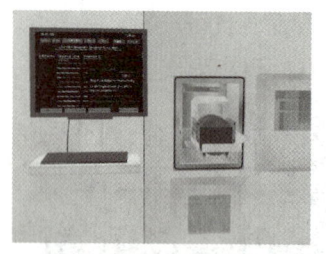

图 5.5.11　取出晶圆

⑨ 单击设备控制界面上的"CVD 原理展示"按钮，弹出 CVD 微观原理展示界面，如图 5.5.12 所示。

第 5 章 集成电路制造工艺实验

(a)"CVD 原理展示"按钮　　(b)CVD 微观原理展示界面

图 5.5.12　CVD 原理展示界面

5. 薄膜淀积 PVD 操作流程

① "漫游"状态下走到"仪器室",单击"气柜",气柜如图 5.5.13 所示。

图 5.5.13　气柜

② 返回到电脑屏幕前,在 Add New Lot Name 处输入作业名称,如图 5.5.14 所示。
③ 单击 OK 按钮,如图 5.5.15 所示。

图 5.5.14　输入作业名称　　　　　　图 5.5.15　作业名称确认

④ 单击 Sequence Name 下的第一格,如图 5.5.16 所示。
⑤ 单击 PVD SEQ 按钮,如图 5.5.17 所示。

119

图 5.5.16　Sequence Name　　　　　　　　图 5.5.17　PVD SEQ

⑥ 单击 Load A 按钮，进行充气加压，如图 5.5.18 所示。

⑦ 单击 Run 按钮，如图 5.5.19 所示。

图 5.5.18　Load A 按钮　　　　　　　　图 5.5.19　Run 按钮

⑧ 选择左侧 PVD 实验步骤中的"PVD 作业→理片"选项，如图 5.5.20 所示。

⑨ 选择左侧 PVD 实验步骤中的"PVD 作业→预清洁"选项，如图 5.5.21 所示。

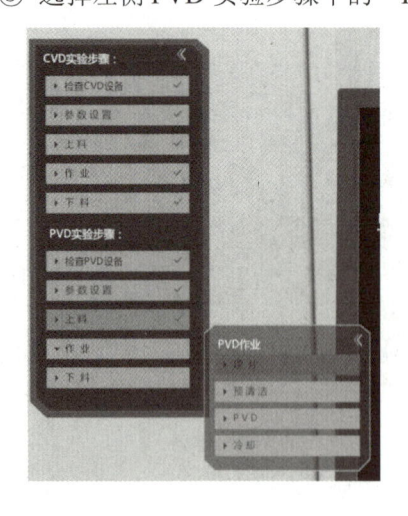

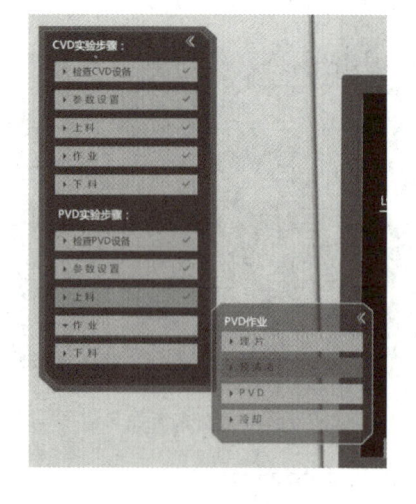

图 5.5.20　理片　　　　　　　　图 5.5.21　预清洁

第 5 章 集成电路制造工艺实验

⑩ 选择左侧 PVD 实验步骤中"PVD 作业→PVD"选项,如图 5.5.22 所示。
⑪ 选择左侧 PVD 实验步骤中"PVD 作业→冷却"选项,如图 5.5.23 所示。

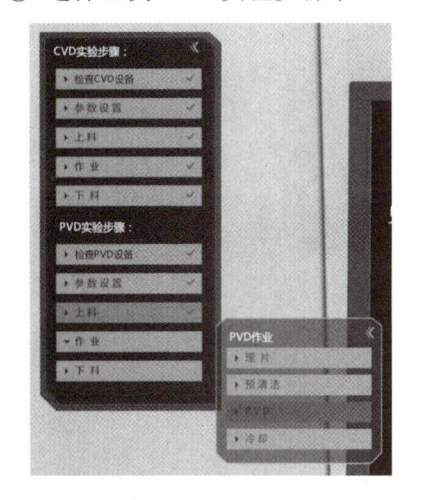

图 5.5.22　PVD 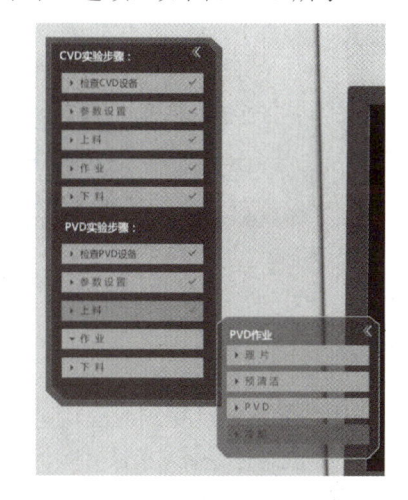　　　　　　　　　　　图 5.5.23　冷却

⑫ 取出晶圆。淀积结束后,选择左侧 PVD 实验步骤中"下料"选项,然后在设备控制界面上单击 Load A 按钮,进行充气加压;加压后单击"晶圆",将晶圆放回原处,如图 5.5.24 所示。

(a)Load A 按钮 　　　　　　　　(b)加压后取出晶圆

图 5.5.24　取出晶圆

⑬ 单击设备控制界面上的"PVD 原理展示"按钮,弹出 PVD 微观原理展示界面,如图 5.5.25 所示。

(a)"PVD 原理展示"按钮 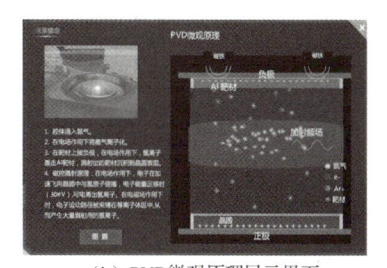　　　　(b)PVD 微观原理展示界面

图 5.5.25　PVD 原理展示界面

⑭ 实验操作结束，请继续进行其他实验项目。退出实验时，保存该实验数据记录，实验操作结束界面如图 5.5.26 所示。

图 5.5.26　实验操作结束界面

五、思考题

1. 描述化学气相淀积的原理。
2. 列出由 CVD 法淀积的导体、半导体和绝缘材料。
3. 解释外延层和多晶硅层之间的区别。

实验六　光刻实验

一、实验目的

通过光刻实验，了解其实验方法及工艺过程。

二、实验仪器

计算机；集成电路工艺虚拟仿真实验平台。

三、实验原理

光刻工艺是半导体工艺过程中非常重要的一道工序，它是用来在不同的器件和电路表面上建立图形的一种工艺过程。这个工艺过程的目标有两个：第一个目标是在晶圆表面建立尽可能接近设计规则中所要求尺寸的图形，这个目标中建立的图形尺寸被称为晶圆的分辨率，图形尺寸被称为电路的特征图形尺寸；第二个目标是在晶圆表面正确定位图形，整个电路图形必须被正确地定位到晶圆表面，电路图形上单独的每一部分之间的相对位置也必须是正确的，最终的图形是用多个掩膜版按照特定的顺序在晶圆表面一层一层叠加建立起来的。图形定位的要求类似于一幢建筑物每一层之间必须精确对准一样。同样，光刻操作步骤的数目之多和光刻工艺层的复杂程度可以看出光刻工艺是半导体工艺制造过程中产生缺陷的主要来源之一。

四、实验内容及步骤

1. 进入光刻环节前的洁净室准备

① 洗手。

人物走到洗手池边，单击"水龙头"区域，进行洗手及自动烘干，洗手过程如图 5.6.1 所示。

图 5.6.1　洗手

完成洗手后，在着装工作前会显示互动式问题，学生正确回答问题后方可开展后续工作。工艺问答界面如图 5.6.2 所示。

图 5.6.2　工艺问答界面

② 着装工作。

着装工作包含戴头套，穿净化服、净化鞋，戴口罩，戴手套等步骤。穿净化服界面如图 5.6.3 所示。

完成着装后，显示进入洁净区的人员被要求回答互动式问题。工艺问答界面如图 5.6.4 所示。

图 5.6.3　穿净化服界面　　　　图 5.6.4　工艺问答界面

③ 通过风淋间进入光刻区域。

包含刷门禁卡、踩过黏性地板垫、通过风淋间这些步骤。进入风淋室后，原地展开双臂、转身一周，然后通过风淋室进入洁净室。风淋室场景如图 5.6.5 所示。

图 5.6.5　风淋室场景

2. 涂胶光刻环节

光刻显影设备的相关实验步骤如图 5.6.6 所示。

图 5.6.6　光刻显影设备的相关实验步骤

① 单击"上料"按钮，再单击小推车上的"晶圆盒盖"，加载晶圆。
将涂胶显影机入口的晶圆盒放入涂胶显影机入口，上料过程如图 5.6.7 所示。

图 5.6.7　上料过程

② 单击 Job Start 按钮启动涂胶显影机加工工艺程序，弹出的工艺问答界面如图 5.6.8 所示。

图 5.6.8　工艺问答界面

回答正确后，选择晶圆涂胶光刻的工艺流程，按照加载晶圆→表面处理→烘干→喷涂涂胶→前烘→光刻→后烘→显影→硬烘焙（坚膜）的正确流程进行设置。设置工艺流程界面如图 5.6.9 所示。

图 5.6.9　设置工艺流程界面

③ 单击"放置掩模版"按钮，将光刻掩模版放入光刻机，显示有关掩模版功能特点的互动问题，其工艺问答界面如图 5.6.10 所示。

回答完毕后，将掩模版放入光刻机，掩模版如图 5.6.11 所示。

④ 单击"光刻机参数设置"按钮，设置光刻参数。设置好参数后，回答关于光刻工艺的三要素的互动问题，工艺问答界面如图 5.6.12 所示。

图 5.6.10　工艺问答界面

图 5.6.11　掩模版

图 5.6.12　工艺问答界面

回答正确后，单击 Batch Streaming 设置光刻机参数。选择曝光程序，设置光刻机参数界面如图 5.6.13 所示。

图 5.6.13　设置光刻机参数界面

用户回答光刻工艺控制要素的互动问题，该工艺问答界面如图 5.6.14 所示。

图 5.6.14　光刻工艺控制要素的工艺问答界面

回答正确后，根据工艺要求选择第五层曝光程序，如图 5.6.15 所示。

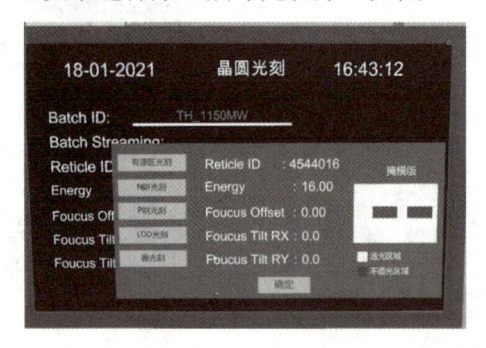

图 5.6.15　选择第五层曝光程序

⑤ 单击"表面处理"按钮，开始进行 HMDS 表面处理，HMDS 表面处理界面如图 5.6.16 所示。

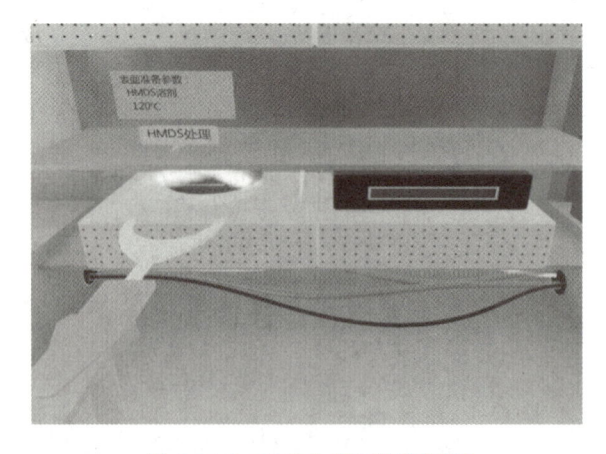

图 5.6.16　HMDS 表面处理界面

第 5 章 集成电路制造工艺实验

⑥ 单击"涂光刻胶"按钮,开始涂胶,弹出有关光刻胶区别的互动问题如图 5.6.17 所示。回答正确后继续后续工艺操作。

设置光刻胶黏度与旋转速度,光刻胶黏度与旋转速度关系曲线如图 5.6.18 所示。单击"开始涂胶"按钮,展示涂光刻胶的过程,涂光刻胶动画展示如图 5.6.19 所示。

涂胶结束后弹出互动问题,该工艺问答界面如图 5.6.20 所示。

图 5.6.17 有关光刻胶区别的互动问题

图 5.6.18 光刻胶黏度与旋转速度关系曲线

(a) 滴胶过程 (1)

(b) 涂胶过程 (2)

图 5.6.19 涂光刻胶动画展示

图 5.6.20 工艺问答界面

⑦ 单击"软烘焙"按钮，开始前烘（软烘），软烘过程如图 5.6.21 所示。
⑧ 单击"硅片边缘曝光"按钮，开始硅片边缘曝光（WEE）过程，如图 5.6.22 所示。

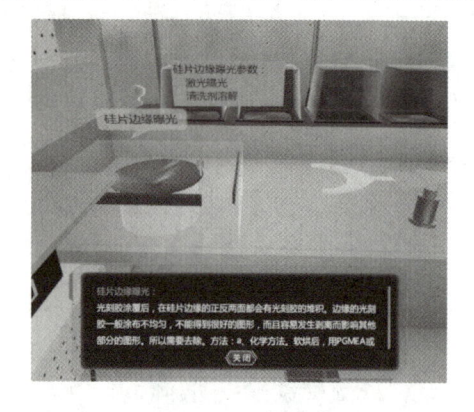

图 5.6.21　软烘过程　　　　　　　　图 5.6.22　硅片边缘曝光

⑨ 单击"对准"按钮，开始对准。
⑩ 进行预对准（晶圆定向），晶圆定向过程如图 5.6.23 所示。
⑪ 晶圆调平。调整晶圆工作台的俯仰角，使得晶圆表面与投影系统镜头始终保持平行，调平过程如图 5.6.24 所示。

图 5.6.23 与 图 5.6.24

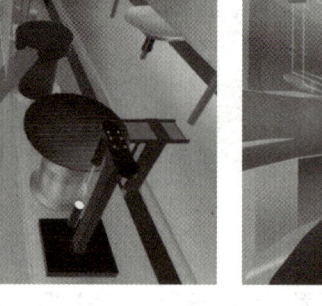

图 5.6.23　晶圆定向过程　　　　　　图 5.6.24　晶圆调平

⑫ 晶圆对准，将晶圆与掩模版对准，对准过程如图 5.6.25 所示。

对准系统产生 632nm 的激光，通过光路照射至晶圆的对准标记，再经过晶圆表面反射后，通过投影系统照射到掩模版上相应的对准标记上，产生的图像最终进入对准模块进行检测。在检测模块内，两个对准标记图像被聚焦到 Q.CELL 光电探测器上，其中 Q.CELL 每个单元分别对应标记的一个象限。当每个单元的光电探测器对两个对准标记产生的电信号能量相同时，就说明晶圆与掩模版的标记已经对准。

⑬ 单击"曝光"按钮，开始晶圆曝光。学生回答分步式曝光工作问题，工艺问答界面如图 5.6.26 所示。回答正确后继续曝光步骤操作，设置曝光剂量参数如图 5.6.27 所示。

图 5.6.25 晶圆对准

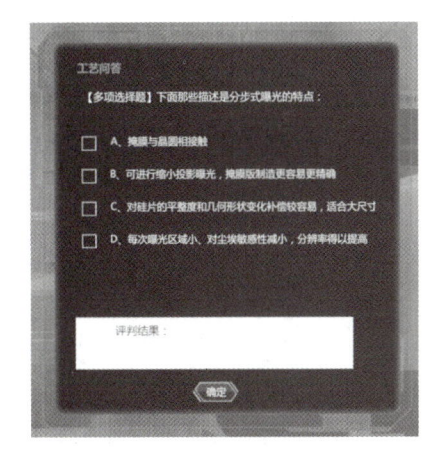

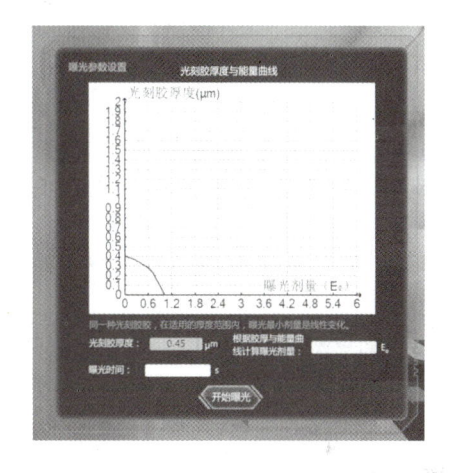

图 5.6.26 工艺问答界面　　　　　　　图 5.6.27 设置曝光剂量参数

参数设置完以后开始模拟分步式曝光投影机的曝光过程。载有掩模的工件台在狭缝下沿着一个方向移动。在掩模的描同步过程中，晶圆沿相反的方向以 1/4 的速度移动。晶圆按照实际最优路径移动，可以提高工作效率。此外，较高的扫描速度可以缩短曝光时间，从而提高光刻机的产能，曝光动画展示界面如图 5.6.28 所示。

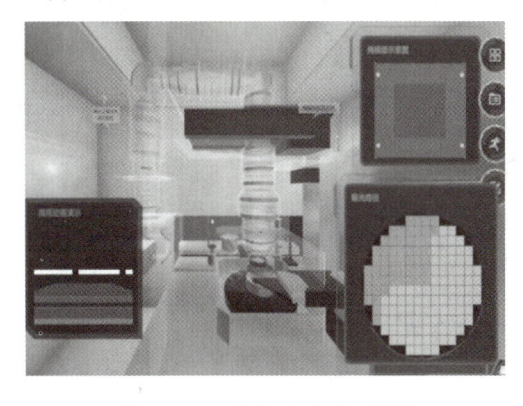

图 5.6.28 曝光动画展示界面

⑭ 单击"后烘"按钮，开始进行后烘，后烘过程如图 5.6.29 所示。

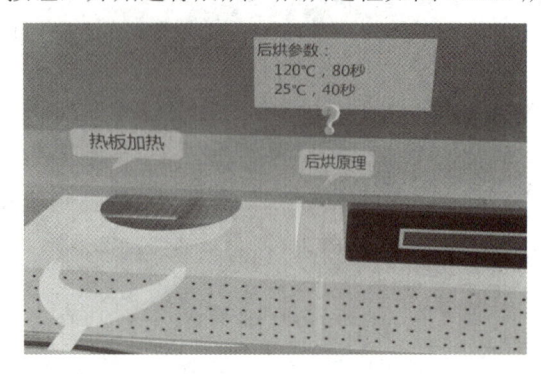

图 5.6.29　后烘过程

光刻胶在显影后，侧壁上产生的波浪状的不平整的现象叫驻波效应。通过后烘（以一定温度烘烤）曝光后的硅片，可以降低驻波效应的影响以及使其化学反应更充分。

⑮ 单击"显影"按钮，开始显影。按照工艺设定参数，设置显影参数如图 5.6.30 所示。将曝光后的硅片放在显影液中进行显影操作，溶除未感光部分的光刻胶，以获得所需的图形，显影过程如图 5.6.31 所示。

⑯ 单击"硬烘焙"按钮，开始显影后硬烘焙（坚膜）。按照工艺设定参数，通过溶液的蒸发来固化光刻胶，使显影后的光刻胶硬化，提高强度，同时可以使光刻胶和晶圆表面有良好的粘贴效果。硬烘焙过程如图 5.6.32 所示。

⑰ 单击"显影后检查"按钮，开始显影后检查。到显微镜旁，浏览电脑屏幕上的检查要素，单击推车上的"晶圆盒子"，将晶圆放入显微镜，观察屏幕上的显示结果，显微镜检查过程如图 5.6.33 所示。

图 5.6.30　设置显影参数　　　　　　　　图 5.6.31　显影过程

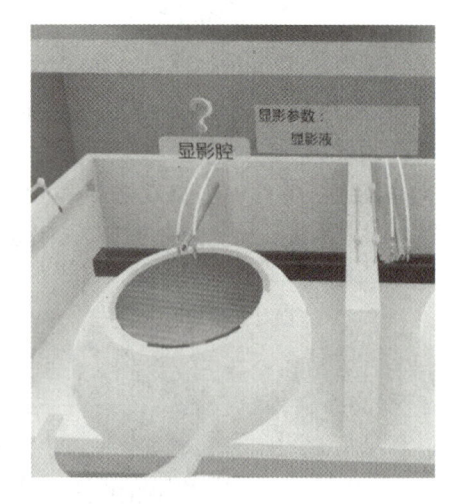

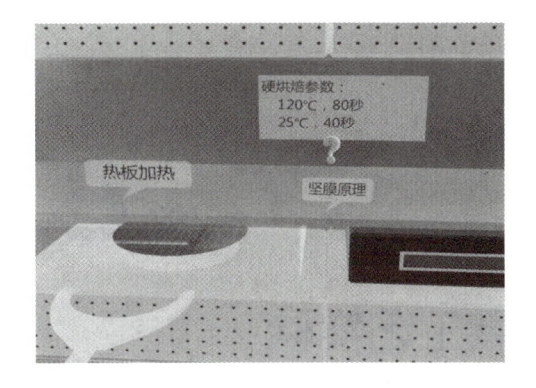

图 5.6.32　硬烘焙过程　　　　　　　　图 5.6.33　显微镜检查过程

⑱ 结束实验，退出实验前，上传实验数据。

五、思考题

1. 说出需要掩膜的曝光和对准系统。
2. 列出光刻胶的主要成分，并分别解释它们的作用。
3. 负性光刻胶中的聚合物是何种类型？

第 6 章

集成电路封装工艺实验

实验一 背面减薄虚拟仿真实训体验式互动实验

一、实验目的

（1）了解整个芯片厚度减薄的过程。
（2）掌握研磨方法，理解粗磨与细磨的目的。
（3）掌握划片的方法。

二、实验仪器

计算机；集成电路封装工艺虚拟仿真实验平台。

三、实验原理

研磨的第一步为粗磨，目的是减薄芯片厚度到目标值（一般研磨后的厚度为 250～300μm，厚度随着芯片应用及封装方式的不同而不同）。第二步为细磨，目的是消减芯片粗磨中生成的应力破坏层（一般厚度为 1～2μm）。研磨时需用洁净水（或纯水）冲洗，以便带走研磨时产生的硅粉。若有硅粉残留，容易造成芯片在研磨时破片或产生微裂纹，进而导致后续的工艺中芯片破碎，产生良品率问题及质量问题。同时需要注意研磨轮及研磨平台的平整度，平整度不佳会增加芯片破片的概率。

四、实验内容及步骤

1. 正面贴膜设备工艺流程操作

（1）取晶圆。

在设备处，单击旁边的小推车上的"晶圆"，取下晶圆放置在设备载物台上，如图 6.1.1 所示。

（2）打开正面贴膜设备电源开关。

打开正面贴膜设备电源开关，电源开关位置如图 6.1.2 所示。

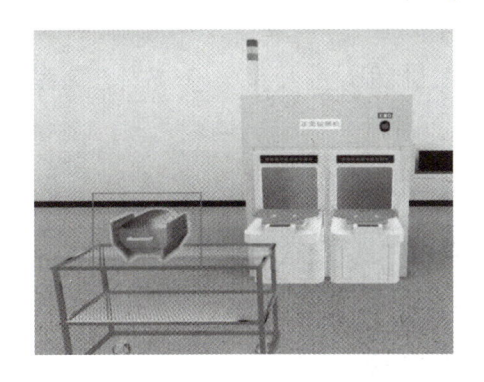

图 6.1.1　晶圆取出　　　　　　　　图 6.1.2　正面贴膜设备电源开关位置

（3）单击正面贴膜操作面板上的"开始"按钮进行贴膜，如图 6.1.3 所示。

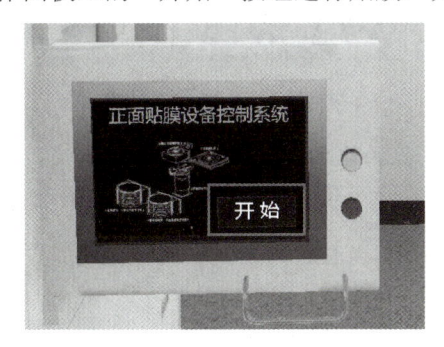

图 6.1.3　开始贴膜

晶圆正面贴膜的流程如下：进料仓门打开→机械手从提篮中抓取一片晶圆→晶圆缺口定位→机械手把晶圆搬送到吸附工作台上进行正面贴膜→贴敷滚轴把 BG 胶带贴敷在晶圆上→刀片裁掉晶圆片四周多余的胶带→揭取滚轴晶圆外围的废膜→机械手从吸附台上取下正面贴好膜的晶圆，放回提篮中，完成晶圆正面贴膜流程。

（4）取下正面贴膜后的晶圆。

单击"完成"按钮，晶圆自动移动到小推车上，如图 6.1.4 所示。

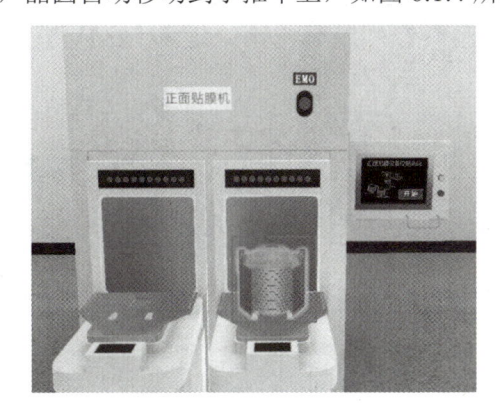

图 6.1.4　晶圆取出

（5）完成正面贴膜设备工艺操作。

单击结束界面上的"确定"按钮，完成设备工艺流程，进入下一个设备工艺流程，如图 6.1.5 所示。

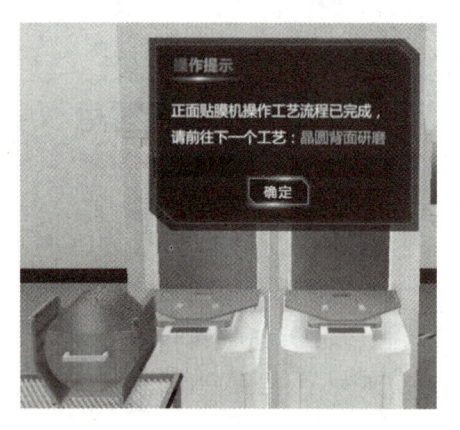

图 6.1.5　完成正面贴膜

2. 背面研磨设备工艺流程操作

（1）取晶圆。

在设备处，单击旁边的小推车上的"晶圆"，取下晶圆放置在设备载物台上，如图 6.1.6 所示。

（2）打开背面研磨设备电源开关，电源开关位置如图 6.1.7 所示。

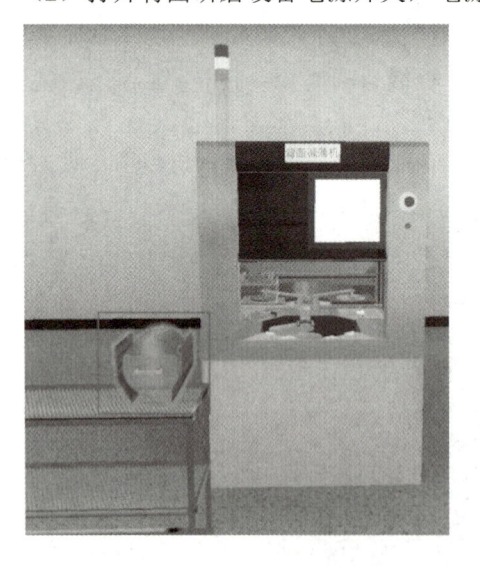

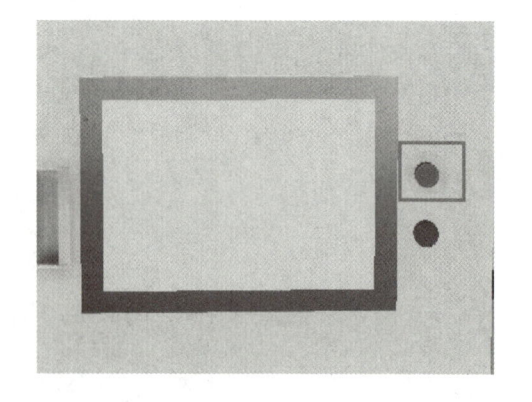

图 6.1.6　晶圆取出　　　　图 6.1.7　背面研磨设备电源开关位置

（3）设置背面研磨设备参数。

单击设备"控制面板"按钮，弹出参数设置界面，在界面上输入正确的参数值，如图 6.1.8 所示。

第 6 章　集成电路封装工艺实验

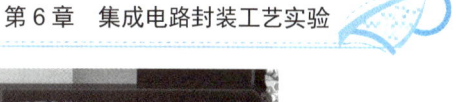

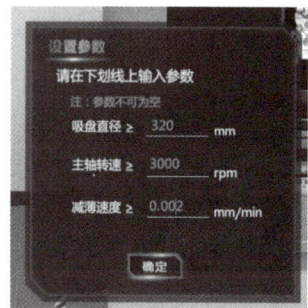

图 6.1.8　参数设置

（4）单击控制面板上的"开始"按钮，进行背面减薄操作（图 6.1.9）。

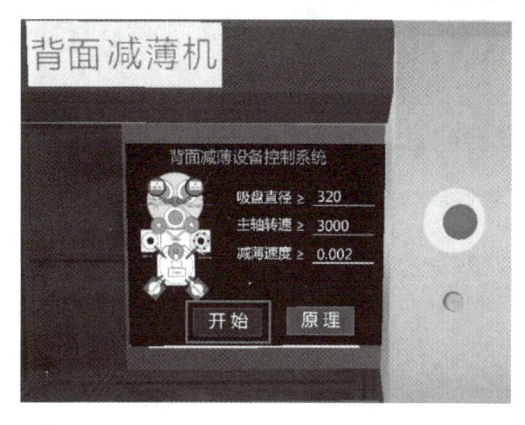

图 6.1.9　背面减薄

（5）展示减薄微观原理动画，展示界面如图 6.1.10 所示。

图 6.1.10　减薄微观原理动画展示界面

(6) 取下背面减薄后的晶圆。

单击"完成"按钮，取出背面减薄后的晶圆，如图 6.1.11 所示。

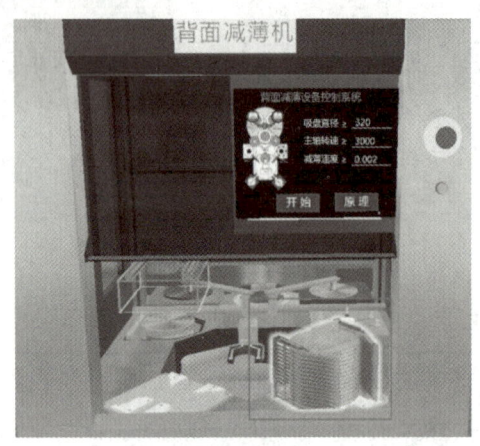

图 6.1.11　取出背面减薄后的晶圆

3. 背面贴膜正面撕膜设备工艺流程操作

(1) 打开上料门放入晶圆，如图 6.1.12 所示。

(2) 从小推车上取下晶圆。

单击小推车上的"晶圆"，晶圆自动移动到装载台上，如图 6.1.13 所示。

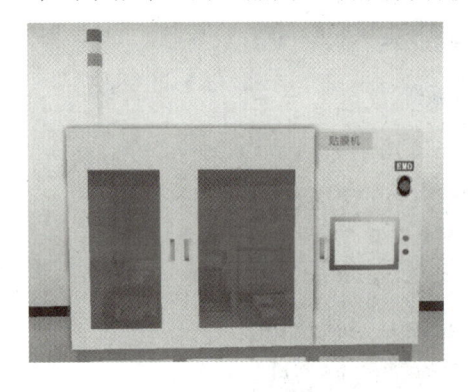

图 6.1.12　打开上料门　　　　　图 6.1.13　晶圆放至装载台

(3) 关闭上料门进行操作。

单击仪器的"上料门"，关闭上料门，如图 6.1.14 所示。

(4) 打开设备电源开关，开关位置如图 6.1.15 所示。

(5) 单击设备控制面板上的"开始"按钮，开始进行晶圆背面贴膜正面撕膜的操作流程，如图 6.1.16 所示。

(6) 打开上料门取出晶圆（图 6.1.17）。

第 6 章 集成电路封装工艺实验

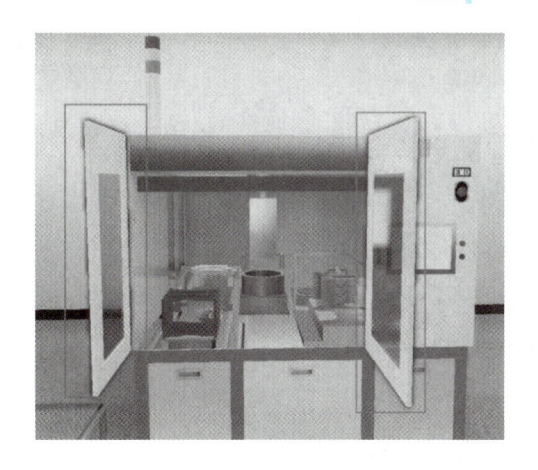

图 6.1.14 关闭上料门

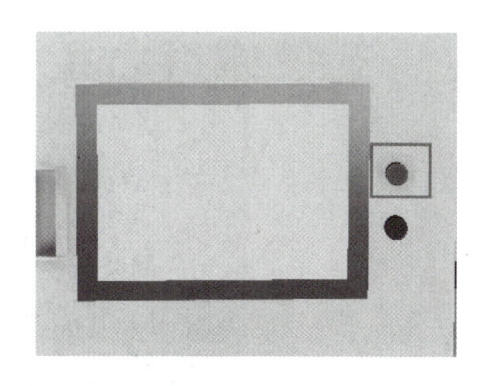

图 6.1.15 开关位置

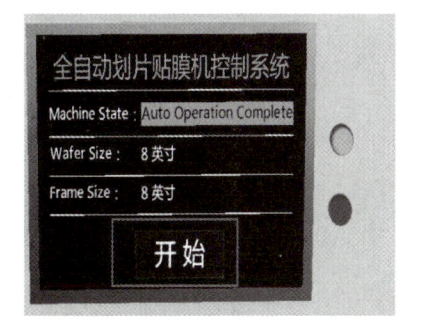

图 6.1.16 控制系统启动

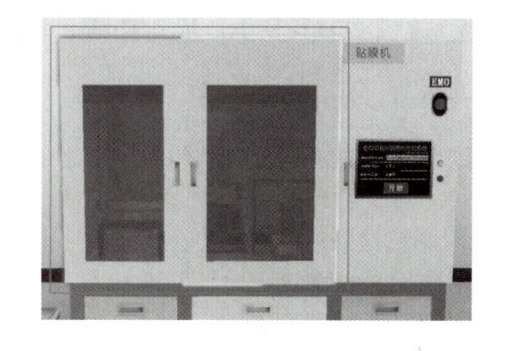

图 6.1.17 打开上料门

（7）下料。

单击下料载物台上的"晶圆闸"，取出晶圆到小推车上，如图 6.1.18 所示。

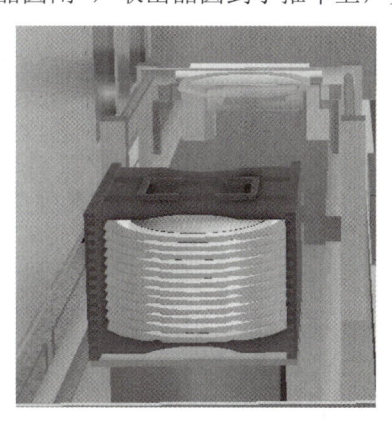

图 6.1.18 晶圆从晶圆闸中取出

(8) 关闭上料门（图 6.1.19）。

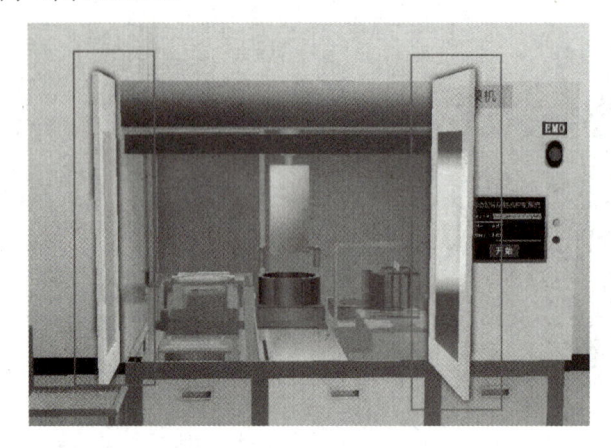

图 6.1.19　上料门关闭

(9) 当前工艺操作结束，进入下一个设备工艺。

五、思考题

1. 硅片的物理磨削与研磨的作用是什么？
2. 干式抛光原理是什么？
3. 化学机械平坦工艺是什么？
4. 在芯片的减薄过程中，主要方法有哪些？
5. 描述背面减薄操作。

实验二　晶圆切割虚拟仿真实训体验式互动实验

一、实验目的

芯片晶圆切割，有时也叫"划片"。一个晶圆上做出来的独立的集成电路有几百个到几千个甚至上万个，切割的目的是将整个晶圆上每一个独立的集成电路通过高速旋转的金刚石刀片切割开来，为后面的工序做准备。

二、实验仪器

计算机；集成电路封装工艺虚拟仿真实验平台。

三、实验原理

首先要在晶圆的背面贴上一层胶带，之后再将其送至晶圆切割机加以切割。切割完后，一颗颗的晶粒会井然有序地排列粘贴在胶带上，同时由于框架的支撑，可避免晶粒因胶带皱褶而产生碰撞，有利于搬运。

四、实验内容及步骤

双轴晶圆切割设备工艺流程操作如下。

（1）取晶圆。

在设备处，单击旁边的小推车上的"晶圆"，取下晶圆放置在设备载物台上，如图6.2.1所示。

图 6.2.1　晶圆取出

（2）打开晶圆切割机电源开关。

打开设备电源开关，电源开关位置如图6.2.2所示。

图 6.2.2　电源开关位置

（3）设置设备参数。

单击"设备控制面板"按钮，弹出参数设置界面，在界面上输入正确的参数值，如图 6.2.3 所示。参数设置如下。

① 定位精度不应超过 0.003mm。
② 切削范围不应低于 165mm。
③ 进刀速度范围为 0.1～500mm/s。
④ 主轴旋转数范围为 30～50krpm。

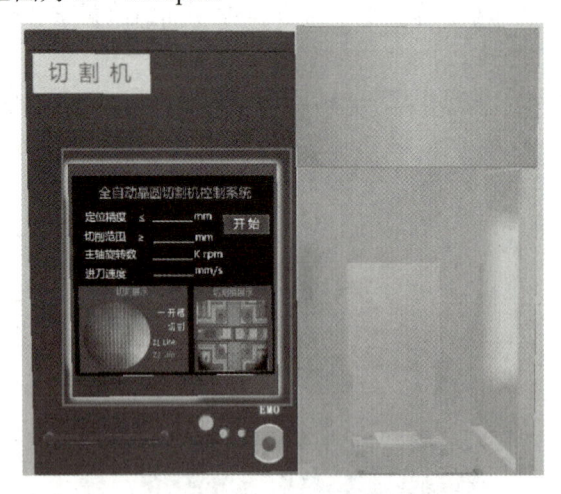

图 6.2.3　参数设置界面

（4）单击设备控制面板上的"开始"按钮，进行切割操作。

单击设备控制面板上的"开始"按钮，进行切割晶圆操作，如图 6.2.4 所示。

图 6.2.4 切割晶圆

切割过程：机械手抓取晶圆→晶圆定位→开槽、自动切割晶圆→将晶圆片移至清洗盘→清洗→机械手放回晶圆闸中（出料）。

（5）演示切割的原理（图 6.2.5）。

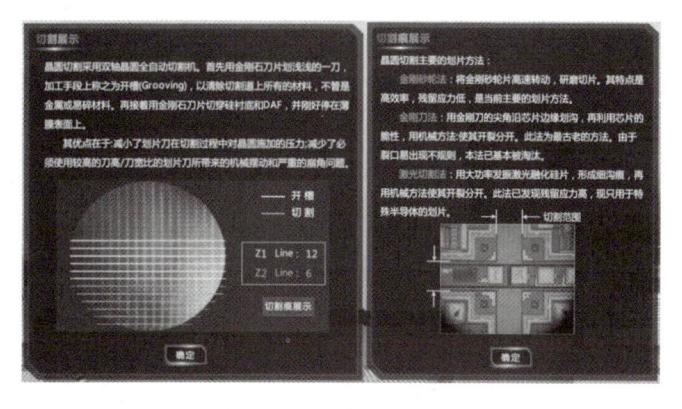

图 6.2.5 切割原理演示

（6）取下切割后的晶圆。

单击"完成"按钮，晶圆自动移动到小推车上。小推车移动到下一个工艺中，如图 6.2.6 所示。

图 6.2.6 晶圆取出至小推车

（7）当前工艺操作结束，进入下一个设备工艺。

五、思考题

1. 在使用双轴晶圆切割机切割晶圆的时候需要注意什么？
2. 单轴晶圆切割机与双轴晶圆切割机的原理分别是什么？两者之间有什么区别？
3. 切割晶圆的意义是什么？
4. 晶圆切割机有哪些参数需要设置？
5. 说明晶圆切割操作步骤。

实验三　第二道光检虚拟仿真实训体验式互动实验

一、实验目的

主要是在显微镜下进行晶圆的外观检查,判断是否存在废品。

二、实验仪器

计算机;集成电路封装工艺虚拟仿真实验平台。

三、实验原理

使用显微镜将要检查的晶圆放置在显微镜平台上,使用倍率为 50 的物镜进行检视,并调整焦距至清楚为止。将平台移到屏幕中以显示晶圆最左边的短边切割道。按照首检规格依次检查,并记录数值于"割片外观检查表"中。用黑色抗静电镊子,夹起 1 颗晶片,将晶片电路朝向检测员,调整晶片水平,测量晶片两侧垂直面,测量的距离不可大于 5μm,将结果记录于"割片外观检查表"中。垂直面测量完毕后,再检查晶片底部(背面),崩碎范围不可大于 100μm,将结果记录于"割片外观检查表"中。

四、实验内容及步骤

第二道光检设备工艺流程操作如下。

(1)取晶圆。

单击旁边的小推车上的"晶圆",取下晶圆,放置在设备载物台上,如图 6.3.1 所示。

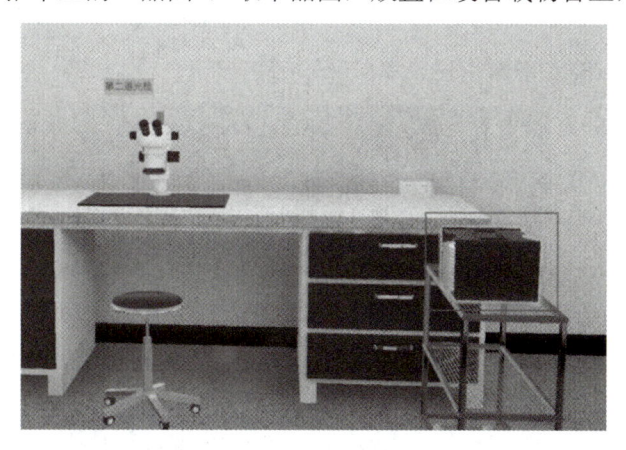

图 6.3.1　晶圆取出

(2)检测切割后的晶圆。

单击"目镜",对晶圆进行检测,如图 6.3.2 所示。

(3)展示检测操作过程,展示界面如图 6.3.3 所示。

图 6.3.2　晶圆检测

图 6.3.3　检测操作过程展示界面

（4）展示检测后的合格和不良现象对应的结构形貌。检测结果如图 6.3.4 所示。

图 6.3.4　检测结果

（5）将检测后的合格晶圆放到小推车上。

单击检测后合格的"晶圆"，晶圆自动移动到小推车上，小推车移动到下一个工艺中。

（6）当前工艺操作结束，进入下一个设备工艺。

五、思考题

1. 进行第二道光检需要注意什么？
2. 怎么处理检测不合格的芯片？
3. 阐述第二道光检的目的。
4. 说明第二道光检工艺流程操作。

实验四　芯片粘接虚拟仿真实训体验式互动实验

一、实验目的

将芯片颗粒从划片后的蓝膜上分别取下,用银浆将其与引线框架黏合在一起,以便于进行下一个引线焊接工序。在银浆中加入银的颗粒,以增加导电度。

二、实验仪器

计算机;集成电路封装工艺虚拟仿真实验平台。

三、实验原理

将芯片粘接在引线框架上或基座上的方法一般有 3 种:Au-Si 共晶焊接法、Pd-Sn 焊料焊接法和导电胶粘接法。其中导电胶粘接法为当前最广泛应用的方法之一。

四、实验内容及步骤

芯片粘接设备工艺流程操作如下。
(1)启动芯片粘接机电源。
单击"芯片粘接机电源"按钮,启动设备,按钮位置如图 6.4.1 所示。

图 6.4.1　"芯片粘接机电源"按钮位置

(2)打开设备上料门。
单击"芯片粘接机上料门",如图 6.4.2 所示。

图 6.4.2　打开上料门

（3）上料。

单击小推车上的"晶圆"，晶圆自动移动到芯片粘接机的载物台中，如图 6.4.3 所示。

图 6.4.3　晶圆移至芯片粘接机的载物台

（4）单击控制面板上的"进料"按钮。

单击芯片粘接机控制面板上的"进料"按钮，将晶圆进行崩片，如图 6.4.4 所示。

（5）单击控制面板上的"开始"按钮，进行芯片粘接。

单击芯片粘接机控制面板上的"开始"按钮。进行芯片粘接，如图 6.4.5 所示。

（6）芯片粘接过程：芯片晶圆进入→整个晶圆片扩开→铜框架装入→铜框架点银浆→芯片拾取→芯片粘接→基板装入基板盒→出料。

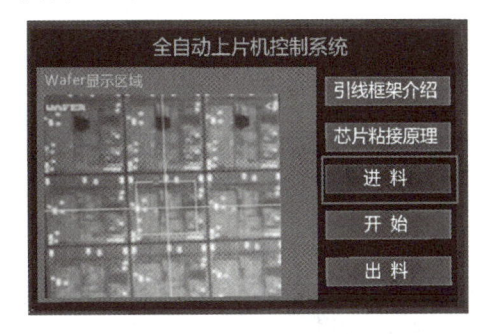

图 6.4.4　晶圆崩片

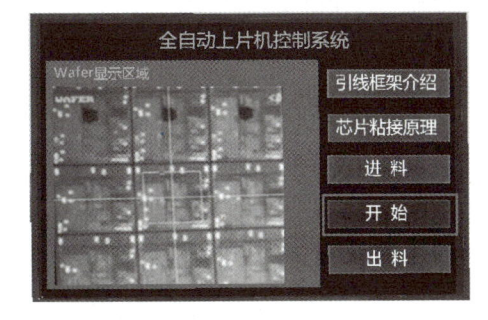

图 6.4.5　芯片粘接

（7）展示银浆涂敷原理，界面如图 6.4.6 所示。

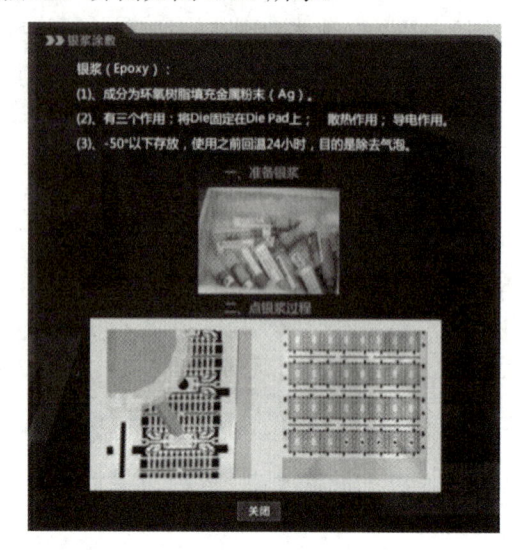

图 6.4.6　银浆涂敷原理界面

（8）展示拿取芯片、粘接芯片原理。

（9）单击控制面板上的"出料"按钮。

（10）芯片粘接结束后，单击芯片粘接机控制面板上的"出料"按钮，进行晶圆下料。

（11）取出芯片粘接后的基板盒。

单击出料后的"基板盒"，基板盒自动移动到小推车上。

五、思考题

1. 芯片粘接方法分为哪几类？粘接的介质的成分有何不同？
2. 点银浆型粘片机有哪些？各组成部分的功能是什么？
3. 叙述芯片是如何从硅片上分离出来的。
4. 引线框架是由哪些结构组成的？
5. 说明芯片粘接操作工艺流程。

实验五　注塑虚拟仿真实训体验式互动实验

一、实验目的

用环氧类热固型树脂，将芯片、金属引线（金线）、引线框架内腿等易受损的部分封装起来，以防止外部环境的影响和破坏。

二、实验仪器

计算机；集成电路封装工艺虚拟仿真实验平台。

三、实验原理

塑料是指以树脂（或在加工过程中用单体直接聚合的材料）为主要成分，以增塑剂、填充剂、润滑剂、着色剂等添加剂为辅助成分，在加工过程中能流动成型的材料。

根据各种塑料不同的理化特性，可以把塑料分为热固性塑料和热塑性塑料两种类型。根据各种塑料不同的使用特性，通常将塑料分为通用塑料、工程塑料和特种塑料三种类型。

四、实验内容及步骤

注塑设备工艺流程操作如下。

（1）启动注塑机电源。

在设备处，单击"注塑机电源"按钮，启动设备，如图6.5.1所示。

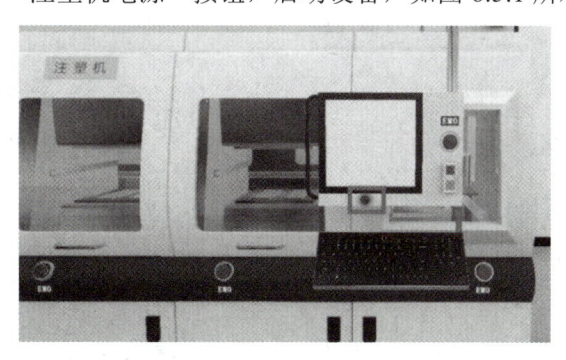

图6.5.1　设备启动

（2）打开设备上料门。

单击"注塑机上料门"，上料门打开，如图6.5.2所示。

（3）上料。

单击小推车上的"基板盒"，基板盒自动放入设备载物台，如图6.5.3所示。

图 6.5.2　上料门打开

图 6.5.3　基板盒移至载物台

（4）关闭注塑机上料门。

单击基板盒的"上料门"，上料门关闭，如图 6.5.4 所示。

（5）设置注塑参数。

单击设备"控制面板"按钮，弹出设置参数界面，在界面上输入正确的注塑参数，参数设置如下（图 6.5.5）。

① 注塑温度：175～185℃。

② 锁模力：3000～4000N。

③ 传送压力：1000～1500Psi。

④ 传送时间：5～15s。

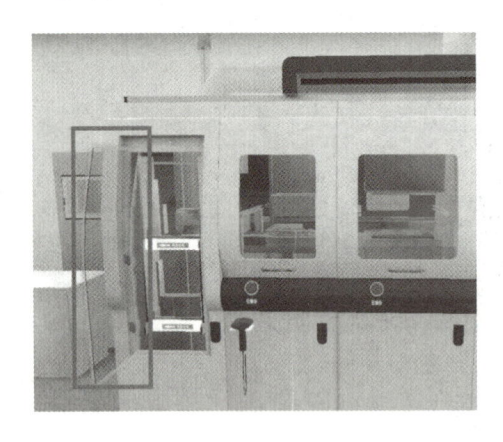

图 6.5.4　关闭上料门

图 6.5.5　设置注塑参数

（6）单击"开始"按钮，进行注塑。

参数输入正确后，单击界面上的"开始"按钮，开始进行注塑工艺操作流程，如图 6.5.6 所示。

（7）展示注塑微观原理动画，界面如图 6.5.7 所示。

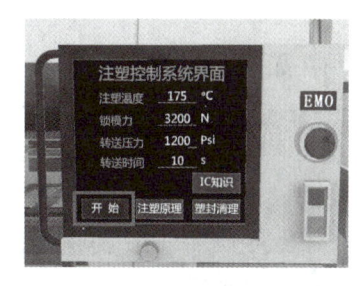

图 6.5.6　开始注塑

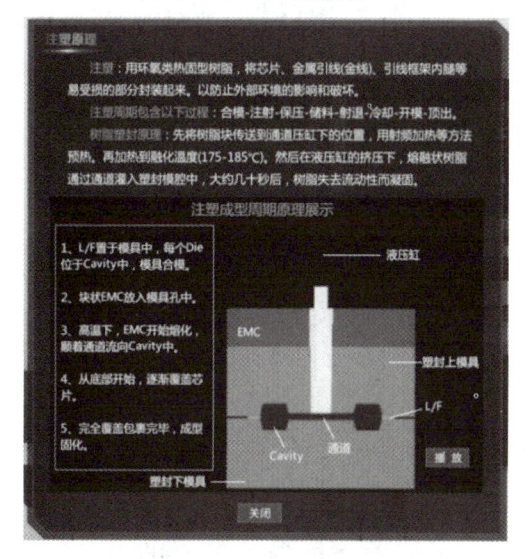

图 6.5.7　注塑微观原理动画界面

（8）展示塑封切割清理前、后的对比，如图 6.5.8 所示。

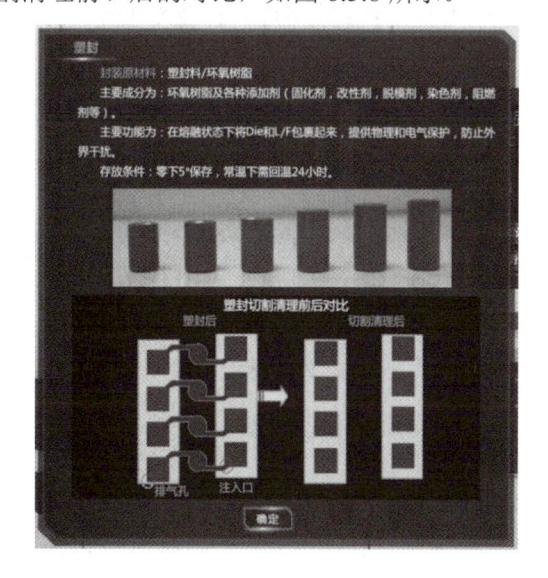

图 6.5.8　塑封切割清理前后对比

（9）打开下料门。

单击"下料门",打开下料门,如图 6.5.9 所示。

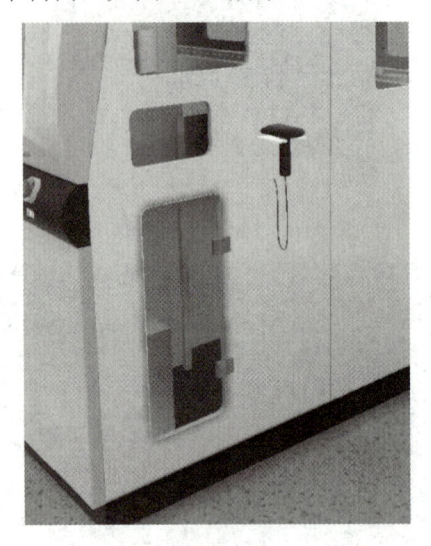

图 6.5.9　下料门打开

（10）取出注塑好的基板。

单击注塑好的"基板",基板自动移动到小推车上。小推车移动到下一个工艺区域,如图 6.5.10 所示。

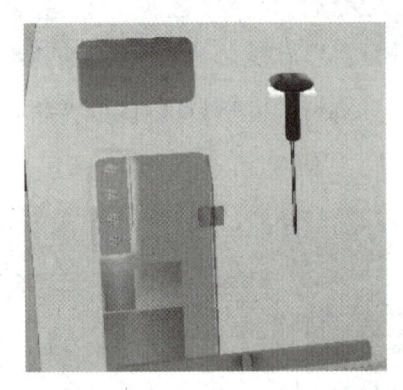

图 6.5.10　已注塑基板取出

（11）当前工艺操作结束,进入下一个设备工艺。

五、思考题

1. 决定制品成型质量的关键参数有哪些？
2. 注塑塑封大致是什么样的流程？
3. 注塑成型工艺条件是什么？
4. 列出几种不同的塑封封装形式。
5. 说明注塑操作工艺流程。

实验六　高温固化虚拟仿真实训体验式互动实验

一、实验目的

（1）熟悉高温固化的原理。
（2）掌握高温固化设备相关使用方法。

二、实验仪器

计算机；集成电路封装工艺虚拟仿真实验平台。

三、实验原理

环氧树脂型胶黏剂黏结性特别强，对绝大多数的金属和非金属都具有良好的黏结性。用它作为胶黏剂制备的环氧模塑料，经过封装固化后，能使芯片、引线和引线脚牢牢地黏合在一起。因此，环氧模塑料被称为"黑胶"，可供半导体分立器件、功率器件、特种器件以及大规模和超大规模集成电路封装使用。

四、实验内容及步骤

高温固化设备工艺流程操作如下。
（1）启动高温固化机电源。
在设备处，单击"高温固化电源"按钮，启动设备，如图 6.6.1 所示。

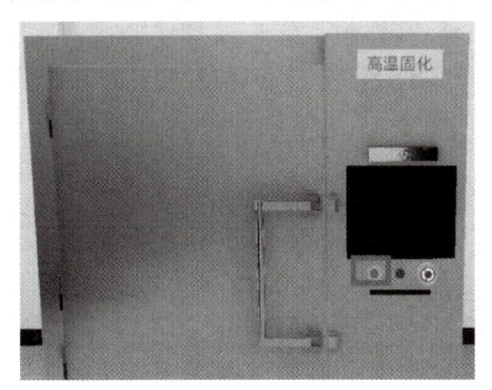

图 6.6.1　启动设备

（2）打开设备门。
单击"高温固化机门"，打开设备门，如图 6.6.2 所示。
（3）上料。
单击小推车上的"基板盒"，基板盒自动移动到高温固化机中，如图 6.6.3 所示。

图 6.6.2　打开设备门　　　　　　　　　图 6.6.3　基板盒移至高温固化机

（4）关闭设备门。

单击"高温固化机门"，关闭设备门，如图 6.6.4 所示。

（5）设置设备参数。

单击设备"控制面板"按钮，弹出输入参数界面，在界面上输入正确的固化温度（170～180℃）及烘烤时间（8h），如图 6.6.5 所示。

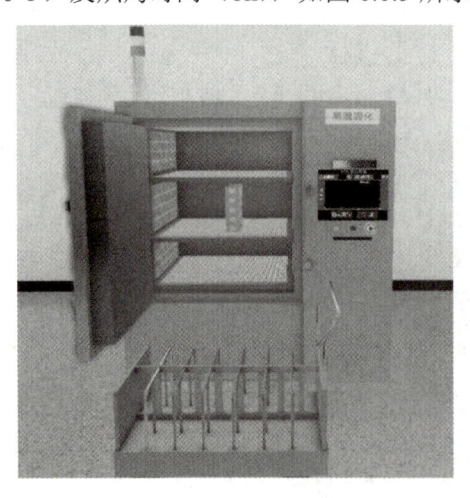

图 6.6.4　关闭设备门　　　　　　　　　图 6.6.5　设置设备参数

（6）单击"自动运行"按钮，进行烘焙。

单击高温固化机控制面板上的"自动运行"按钮，进行高温固化烘焙，如图 6.6.6 所示。

图 6.6.6　高温固化烘焙

（7）展示高温固化原理动画，展示界面如图 6.6.7 所示。

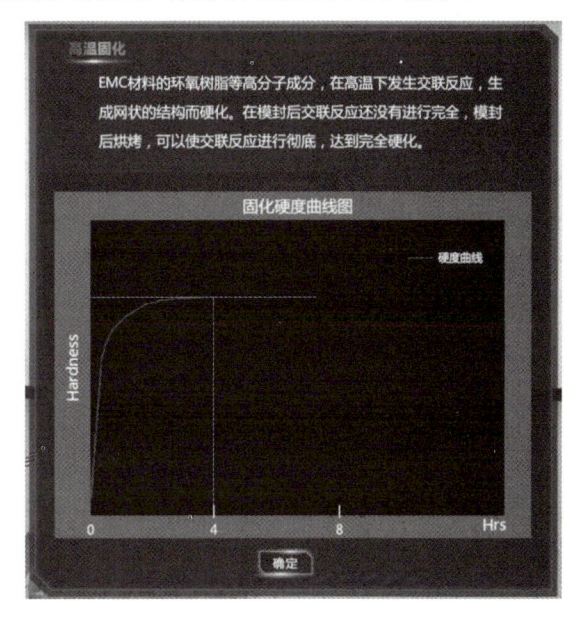

图 6.6.7　高温固化原理动画展示界面

（8）单击"停止"按钮，使基板盒冷却降温。

（9）降温结束后，打开设备门。

等到高温固化机里的基板盒冷却降温后，单击"设备门"，打开设备门，如图 6.6.8 所示。

（10）固化结束后取出基板盒。

单击烤箱里的"基板盒"，取出基板盒，放在小推车上，如图 6.6.9 所示。

（11）取出基板盒后关闭设备门。

单击"高温固化机门"，关闭设备门。

（12）当前工艺操作结束，进入下一个设备工艺。

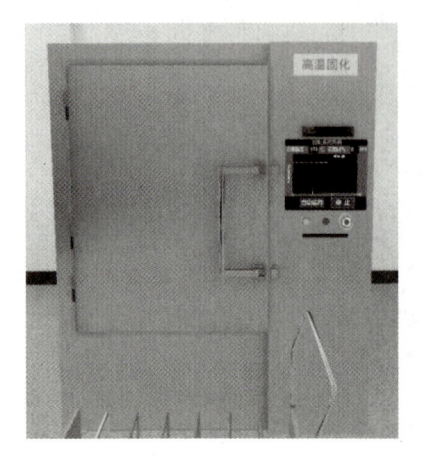

图 6.6.8　打开设备门　　　　　　　　　图 6.6.9　取出基板盒

五、思考题

1. 高温固化的目的是什么？
2. 如何设置高温固化的参数？
3. 描述烤箱里的温度变化曲线图。
4. 注塑后环氧模塑料固化的环境为什么是高温而不是低温？

实验七　去溢料电镀虚拟仿真实训体验式互动实验

一、实验目的

（1）熟悉电镀原理并了解电镀的目的。
（2）掌握高温固化机设备相关使用方法。

电镀的目的是在基材上镀上金属镀层，改变基材表面性质或尺寸。电镀能增强金属的抗腐蚀性（镀层金属多采用耐腐蚀的金属）、硬度，防止金属磨耗，提高金属导电性、光滑性、耐热性和表面美观性。

二、实验仪器

计算机；集成电路封装工艺虚拟仿真实验平台。

三、实验原理

电镀技术在 BGA（球栅阵列封装）、FCBGA（倒装芯片球栅陈列封装）中的应用主要是通过局部电镀镍（Ni）和金（Au）的方法实现。在倒装芯片和 BGA 基板上，这种方法用于形成电极凸点和可焊性焊点。镍层、金和焊锡都具有良好的焊接性，但镍层表面易形成氧化膜，这会降低焊接性能。因此，通常在其表面镀上一层金以防止氧化。在 BGA 基板上形成焊点主要采用化学镀法，而形成电极凸点主要采用化学镀法和电镀法两种方法。采用化学镀法时，需在芯片原有的铝（Al）电极表面先形成锌（Zn）化学置换层，才能进行镍金双层化学镀。电镀法则较为复杂，包括溅射阻挡层、涂感光胶、光刻（形成掩膜）、电镀、去掩膜、去阻挡层等多道工序。

引线框架型封装是早期发展起来的传统封装形式，主要包括双列直插式封装（DIP）、四边扁平封装（QFP）、小外形封装（SOP）、四边无引脚扁平封装（QFN）、小外形无引脚封装（SON）等。在这些封装中，引线框架极为重要，许多功能都是通过它来实现的，如配线、互连、散热、机械支撑、信号传递、功率分配、尺寸过渡等功能。为了达到与芯片、印刷线路板等的互连，引线框架的内腿要求与金线具有键合性，外腿与焊锡具有焊接性。目前这两项功能都是通过电镀法来实现的。

四、实验内容及步骤

电镀设备工艺流程操作如下。
（1）启动电镀机电源。
在设备处，单击"电镀机电源"按钮，启动设备，如图6.7.1所示。
（2）上料。
单击小推车上的"基板盒"，基板盒自动移动到电镀机上料区中，如图6.7.2所示。

图 6.7.1　启动设备

图 6.7.2　基板盒移至电镀机上料区

（3）开始电镀。

单击电镀设备控制面板上的 Run 按钮，开始进行电镀过程，如图 6.7.3 所示。

图 6.7.3　启动电镀

（4）展示电镀过程中的电镀原理和引线框架电镀过程，展示界面如图 6.7.4 所示。

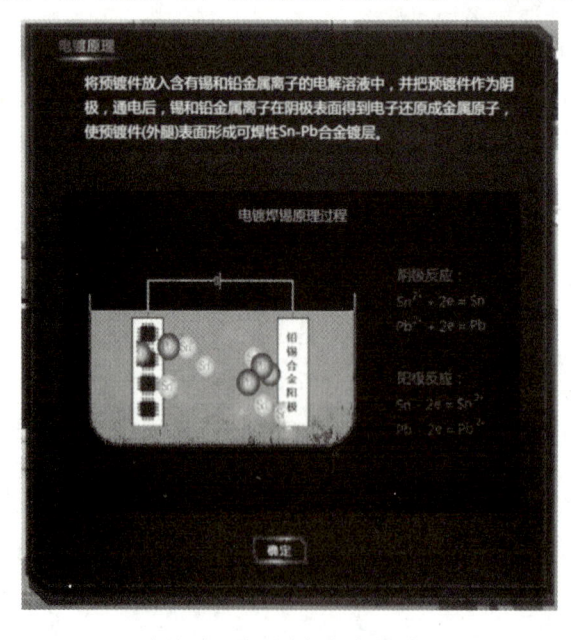

图 6.7.4　电镀原理和引线框架电镀过程展示界面

（5）取下电镀后的基板。

单击电镀后的"基板"，基板盒移动到设备下料载物台上，如图 6.7.5 所示。

图 6.7.5　基板盒移至下料载物台

（6）当前工艺操作结束，进入下一个设备工艺。

五、思考题

1. 电镀的目的是什么？
2. 电镀的工艺流程是什么？
3. 描述电镀的几种方法和这些方法的区别。
4. 电镀的原理是什么？

实验八　电镀退火虚拟仿真实训体验式互动实验

一、实验目的

电镀退火是无铅电镀后的产品在高温下烘烤一段时间，目的在于消除电镀层中潜在的晶须生长（Whisker Growth）问题。

二、实验仪器

计算机；集成电路封装工艺虚拟仿真实验平台。

三、实验原理

用金属和化学的方法在元器件表面镀上一层镀层，以防止外界环境对其的影响（潮湿和热）。这样做可以提高元器件的导电性，使其在 PCB 板上更容易焊接。

将预镀件（外腿）放入含有锡和铅金属离子的电解溶液中，并把预镀件作为阴极。通电后，锡和铅金属离子在阴极表面得到电子，还原成金属原子，使预镀件表面形成可焊性 Sn-Pb 合金镀层。

四、实验内容及步骤

电镀退火设备工艺流程操作如下。
（1）启动电镀退火机电源。
在设备处，单击"电镀退火机电源"按钮，启动设备，如图 6.8.1 所示。
（2）打开设备门，如图 6.8.2 所示。

图 6.8.1　启动设备　　　　　图 6.8.2　打开设备门

（3）上料。
单击小推车上的"基板盒"，基板盒自动移动到电镀退火机中，如图 6.8.3 所示。
（4）关闭设备门，如图 6.8.4 所示。

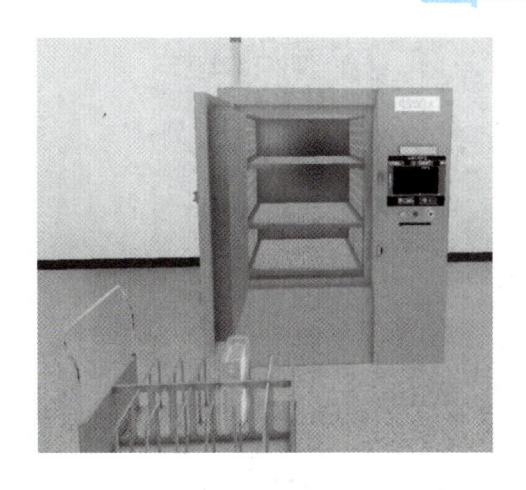

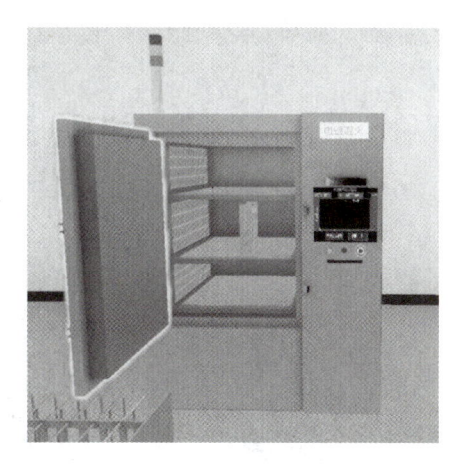

图 6.8.3　基板盒移至电镀退火机　　　　　图 6.8.4　关闭设备门

（5）设置设备参数。

单击设备控制面板，弹出输入参数界面，在界面上输入正确的烘烤温度（145～155℃）及烘烤时间（2h），如图 6.8.5 所示。

（6）单击"自动运行"按钮，进行烘焙。

单击控制系统界面上的"自动运行"按钮，进行电镀退火过程，如图 6.8.6 所示。

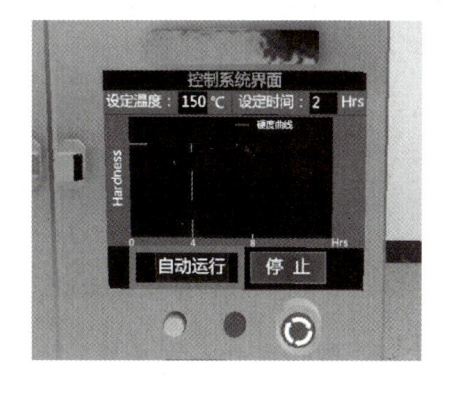

图 6.8.5　参数设置　　　　　图 6.8.6　进行电镀退火

（7）展示电镀退火原理动画，界面如图 6.8.7 所示。

（8）停止，冷却降温。

单击界面上的"停止"按钮，冷却降温，如图 6.8.8 所示。

（9）降温结束后，打开设备门。

等到电镀退火机里的基板盒冷却降温后，单击"设备门"，打开设备门，如图 6.8.9 所示。

（10）固化结束后取出基板盒，如图 6.8.10 所示。

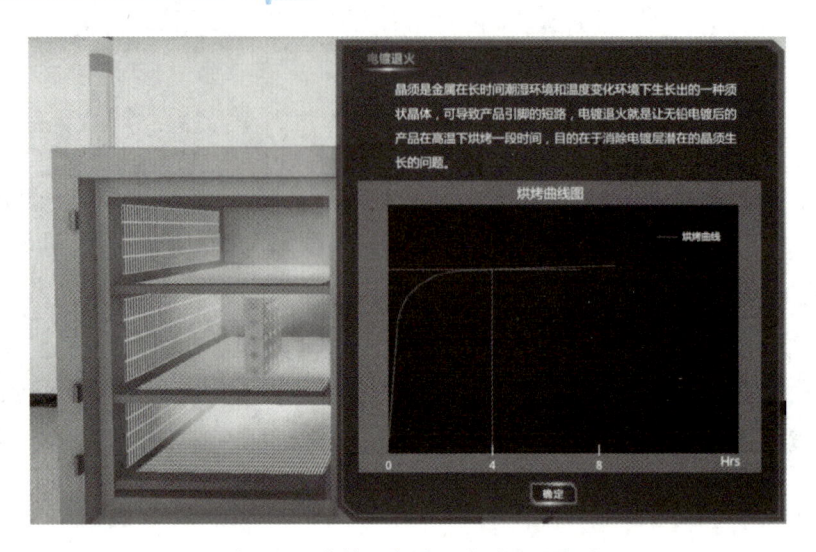

图 6.8.7　电镀退火原理动画展示界面

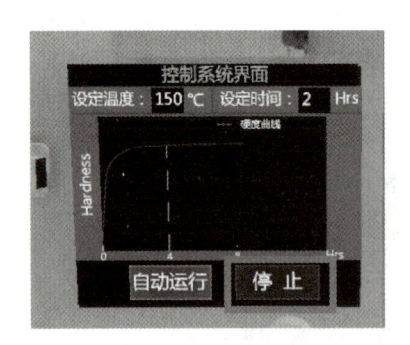

图 6.8.8　停止电镀退火

图 6.8.9　打开设备门

图 6.8.10　取出基板盒

（11）取出基板盒后关闭设备门。

单击"设备门"，门关闭。

（12）当前工艺操作结束，进入下一个设备工艺。

五、思考题

1. 电镀退火的目的是什么？
2. 如何设置电镀退火的参数？
3. 描述烤箱里的温度变化曲线。
4. 晶须是怎样产生的？
5. 如何消除晶须？

第 7 章

集成电路综合设计实验
——二级密勒补偿运算放大器设计实验

一、实验目的

随着 CMOS 工艺的不断进步,电源电压的下降与晶体管沟道长度的缩短为运算放大器的设计带来了诸多挑战。为克服这些困难,我们首先从电路原理分析入手,以具体指标为例,综合约束条件,进行手工计算。然后,采用集成电路行业标准软件——Cadence 设计工具,对二级密勒补偿运算放大器进行电路设计。通过本次设计实验训练,学生能够掌握集成电路综合设计的相关技术。

二、实验软件

Cadence Virtuoso IC6.1.8。

三、电路原理分析

1. 电路结构

最基本的 CMOS 二级密勒补偿运算放大器的结构如图 7.1 所示。它主要包括 4 部分:输入级放大电路、第二级放大电路、偏置电路和相位补偿电路。

2. 电路描述

输入级放大电路是五管差分放大器结构,由 $M_1 \sim M_5$ 构成。M_1 和 M_2 组成 PMOS 差分输入对,差分输入与单端输入相比,前者可以有效地抑制共模信号干扰;M_3、M_4 组成了 NMOS 电流镜,它们作为差分对的有源负载,可以将差分输出高效地转换为单端输出;M_5 为尾电流源,为输入级提供恒定的偏置电流。

第 7 章 集成电路综合设计实验——二级密勒补偿运算放大器设计实验

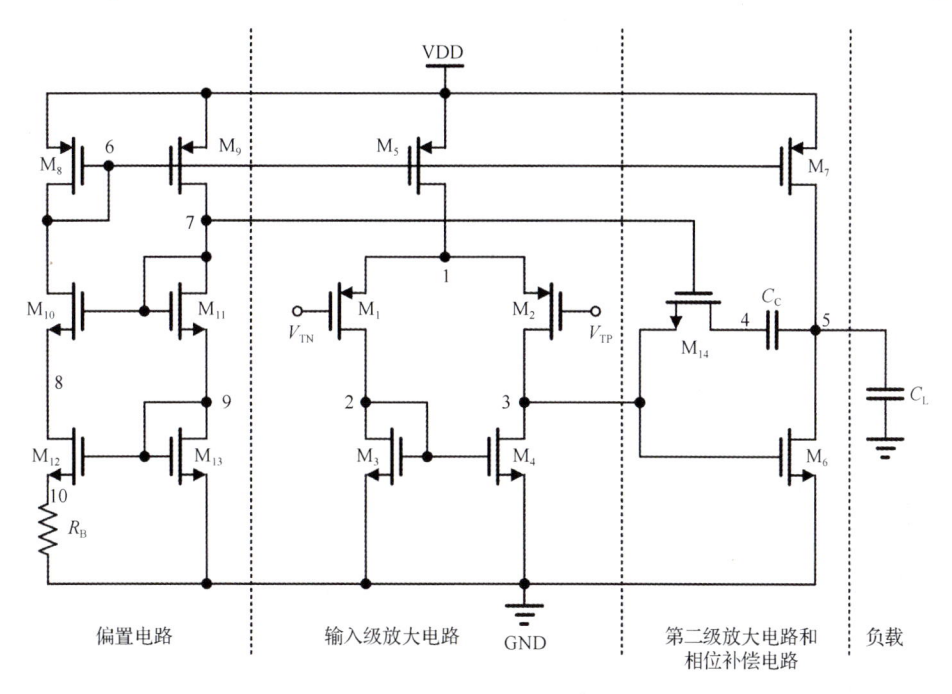

图 7.1 二级密勒补偿运算放大器的结构

第二级放大电路是一个共源级放大电路，由 M_6 和 M_7 构成。M_6 为共源级放大器输入管，M_7 为共源级放大电路的有源负载。

相位补偿电路由 M_{14} 和电容 C_C 构成。其中 M_{14} 工作在深线性区，可以等效为一个电阻，与电容 C_C 一起跨接在第二级输入与输出之间，构成 RC 密勒补偿。

偏置电路由 $M_8 \sim M_{13}$ 和 R_B 构成，这是一个共源共栅 Widlar 电流源。M_8 和 M_9 宽长比相同，构成电流镜结构；M_{10} 和 M_{11} 构成共源共栅结构，以减少沟道长度效应造成的电流误差。M_{12} 和 M_{13} 相比，前者的源极加入了电阻 R_B，产生了与电源电压 VDD 无关的基准电流，在提供偏置电流的同时，还为 M_{14} 的栅极提供了偏置电压。对产生的电流的分析如下。

M_8 和 M_9 构成电流镜，宽长比相同，因此两边通过的电流相同，记为 I_B。则有：

$$I_B = \frac{1}{2}\mu_n C_{ox} (\frac{W}{L})_{12}(V_{GS12} - V_{TN})^2 = \frac{1}{2}\mu_n C_{ox} (\frac{W}{L})_{13}(V_{GS13} - V_{TN})^2 \tag{7.1}$$

其中，$\mu_n C_{ox}$ 为工艺参数，W 为宽，L 为长，V_{GS12}、V_{GS13} 分别为 M_{12}、M_{13} 的漏源电压，V_{TN} 为 NMOS 管的阈值电压。

且：

$$V_{GS13} = V_{GS12} + I_B R_B \tag{7.2}$$

则：

$$\sqrt{\frac{2I_B}{\mu_n C_{ox}(\frac{W}{L})_{13}}} = \sqrt{\frac{2I_B}{\mu_n C_{ox}(\frac{W}{L})_{12}}} + I_B R_B \tag{7.3}$$

电流可整理为:

$$I_B = \frac{2}{\mu_n C_{ox}(\frac{W}{L})_{12} R_B^2} (\sqrt{\frac{(W/L)_{12}}{(W/L)_{13}}} - 1)^2 \tag{7.4}$$

从式（7.4）可以看出，电流 I_B 仅与 R_B 和 M_{12}、M_{13} 的尺寸有关，不受电源电压的影响。

四、设计指标

根据应用场合不同，对电路的要求也会不同。例如，在数据转换领域，当我们追求高精度时，电路需要具备高增益；而当我们追求高速度时，则需要有较宽的带宽。所以衡量一个电路的性能需要依据各种具体的技术指标来进行评估。本例将对二级运算放大器的关键性能指标进行一一介绍。

1. 共模输入范围

共模输入范围是放大器输入级中所有 MOS 管都工作在饱和区的共模输入电压范围。从电路图上应当注意两点：一是如果 V_{TN} 和 V_{TP} 相等，那么节点 2 和节点 3 的电压一定相等；二是如果第一级的五个 MOS 管处在饱和区，那么第二级的两个 MOS 管一定处于饱和区。不考虑沟道长度调制效应，当 I_{DS1} 不变时，如果共模输入电压 $V_{IN,COM}$ 升高，则要求节点 1 电压升高，M_5 源漏电压要大于 V_{GST5}，同时要保证 M_1 在饱和区，所以 $V_{IN,COM}$ 的最大值为 $VDD - V_{GST5} - V_{GST1} - |V_{TP}|$。注意此时不用考虑 M_3 和 M_4 的约束，因为节点 1 的电压变化之前，节点 2 电压不会改变。如果考虑沟道长度调制效应，那么节点 1 的电压升高，I_{DS5} 则会降低，节点 2 的电压会有稍许下降。

不考虑沟道长度调制效应，如果共模输入电压 $V_{IN,COM}$ 降低，那么 I_{DS1} 不变，则要求节点 1 电压随之下降，那么 M_1 保持在饱和区域成为唯一的限制条件，所以 $V_{IN,COM}$ 的最小值为 $V_{GST3} + V_{TN} - |V_{TP}|$。如果考虑沟道长度调制效应，那么节点 1 的电压下降，I_{DS5} 则会增加，节点 2 的电压会有稍许升高，所以共模输入范围是：

$$V_{GST3} + V_{TN} - |V_{TP}| \leqslant V_{IN,COM} \leqslant VDD - V_{GST5} - V_{GST1} - |V_{TP}| \tag{7.5}$$

式 7.5 表明，若要扩大共模输入范围，可以降低过驱动电压。另外，M_1 管的体效应可以用来改变共模输入范围。如果 M_1 和 M_2 的衬底接触到 VDD，那么 $|V_{TP}|$ 增加，从而使得共模输入范围中的低限值可以更低。对于非 Level 1 模型，比如 BSIM3 模型，MOS 管的工作区域——弱反应区、饱和区和速度饱和区——是由过驱动电压 V_{GST} 决定的。因此要给每一个 MOS 管分配一个合理的过驱动电压 V_{GST} 是至关重要的。通过对比 V_{DS} 与 V_{GST} 的值，可以判断 MOS 管是否工作在饱和区。

2. 输出动态范围

输出动态范围即输出摆幅，是所有晶体管都工作在饱和区时的输出电压的范围。如果输出电压过低，M_6 工作在线性区；如果输出电压过高，M_7 工作在线性区。所以输出摆幅为：

$$V_{GST6} \leq V_{OUT} \leq VDD - V_{GST7} \tag{7.6}$$

一旦输出电压 V_{OUT} 超过输出摆幅，某个 MOS 管就会进入线性区，那么会导致输出阻抗降低，增益也会下降。降低 V_{GST} 可以拓展输出摆幅。注意，如果仅仅是容性负载，输出电压可以达到电源电压，但此时增益严重下降，失真已经出现。如果有阻性负载（接地），输出电压无法达到电源电压。

3. 单位增益带宽（GBW）

单位增益带宽是运算放大器最重要的指标之一，它定义为当运算放大器增益为1时，所加输入信号的频率，这是运算放大器所能正常工作的最大频率。单位增益带宽有频率（GBW）和角频率（GB）两种表示方法，两者之间换算关系为：

$$\text{GBW} = \frac{GB}{2\pi} \tag{7.7}$$

有时在清楚上下文所指的情况下，这两种表示方法也可以相互混用。若单位增益带宽内只有一个极点，其值可以由运算放大器的开环直流增益与-3dB带宽的乘积得到。

4. 输入失调电压

对于具有差分输入、单端输出的运算放大器，为实现最大的输出摆幅，输出电压共模点应设置在输出摆幅的一半处，即 $(VDD - V_{GST7} + V_{GST6})/2$。如果 M_6 和 M_7 的过驱动电压相同，那么输出电压共模点应设置在 VDD/2 处。输入失调电压是指单端输出电压为 VDD/2 时的差分输入电压值。注意，失调电压是指直流失调电压。

运算放大器（以下简称运放）的输入失调电压包含系统失调电压和随机失调电压两部分。前者来自电路设计，即使电路中的所有匹配器件理论上完全相同，这种失调也是不可避免的；后者来自应匹配器件的失配。对于未校准的单片运放，MOS 输入管的典型输入失调电压范围为 1~20mV。

对于系统失调电压而言，在 MOS 工艺中，跨导（g_m）和输出电阻（r_o）的乘积通常为 20~100，降低输入级增益会使得第二级失调在决定运放失调时起到更加重要的作用。如果输入级增益为 50，V_{GS6} 和 V_{GS4} 之间每 50mV 的差就会给输入带来 1mV 的失调电压增幅。当第二级的输入和输入级的输出连接时，$V_{GS6} = V_{DS4}$。同时输入级完美匹配且 $V_{TN} = V_{TP}$，$V_{DS4} = V_{DS3} = V_{GS3}$，$V_{TN3} = V_{TN4} = V_{TN6} = V_{TP3} = V_{TP4} = V_{TP6}$，要求 $V_{GST3} = V_{GST4} = V_{GST6}$。由 MOS 管饱和电流公式得到：

$$\frac{I_{DS3}}{(W/L)_3} = \frac{I_{DS4}}{(W/L)_4} = \frac{I_{DS6}}{(W/L)_6} \tag{7.8}$$

换句话说，要求 MOS 管有相等的过驱动电压等价于它们有相等的电流-宽长比，即电流密度值。因此 $I_{DS3} = I_{DS4} = I_{DS5}/2$，$I_{DS6} = I_{DS7}$，得到：

$$\frac{I_{DS5}}{2(W/L)_3} = \frac{I_{DS5}}{2(W/L)_4} = \frac{I_{DS7}}{(W/L)_6} \tag{7.9}$$

因为 $V_{GST5} = V_{GST7}$，有：

$$\frac{I_{DS5}}{I_{DS7}} = \frac{(W/L)_5}{(W/L)_7} \tag{7.10}$$

将式（7.10）带入式（7.9）得到：

$$\frac{(W/L)_3}{(W/L)_6} = \frac{(W/L)_4}{(W/L)_6} = \frac{1}{2}\frac{(W/L)_5}{(W/L)_7} \tag{7.11}$$

为满足式（7.11），M_3、M_4 和 M_6 必须有相等的电流密度。MOS 管在饱和区，电流密度不仅与栅源电压相关，也与漏源电压弱相关。因为 M_3、M_4 和 M_6 的栅源电压和电流密度相等，它们的漏源电压也一定要相等。所以在这些条件下的直流输出电压（V_{OUT}）为：

$$V_{OUT} = V_{DS6} = V_{DS3} = V_{GS3} = V_{GST3} + V_{TN3} \tag{7.12}$$

为得到运放输出的系统失调电压，可以将 VDD/2 与上式的输出电压相减。而输入失调电压（V_{OS}）即为这个差值再除以增益（A_V）：

$$V_{OS} = \frac{V_{GST3} + V_{TN3} - VDD/2}{A_V} \tag{7.13}$$

A_V 为运放的输入级到第二级输出的增益。大部分情况下，直流输出电压不会是 VDD/2，因为 $V_{GS3}=V_{GST3}+V_{TN3}\neq$VDD/2，所以系统失调总是存在。尽管系统失调总是存在，但是可以通过选择一个对工艺偏差不灵敏的工作点来降低其影响。

MOS 管的有效沟道长度会受到源漏扩散 L_d 和漏端耗尽区宽度 X_d 的影响，同理，MOS 管的有效宽度也会受到鸟嘴效应 d_W 的影响。在实际的匹配器件设计中，将沟道长度选取为"相等"，沟道宽度选取为"成比例"，这是因为沟道宽度较大可以降低器件对工艺偏差的灵敏度。

值得注意的是，将 M_3、M_4 和 M_6 的栅长设置为相同的值与其他需求相冲突。首先，从稳定性角度考虑，M_6 要有大的跨导和小的沟道长度；其次，从低噪声和随机输入失调效应考虑，M_3 和 M_4 要有小的跨导和大的沟道长度。

5. 静态功耗

一旦电源电压确定，静态功耗取决于各支路静态电流总和。考察各路电路，可以知道，此运放的静态功耗为：

$$P_{DC} = VDD \times (I_{DS5} + I_{DS7} + I_{DS8} + I_{DS9}) \tag{7.14}$$

电流的分配受其他性能指标的影响，比如 GBW、转换速率、噪声性能等。

6. 共模抑制比

（1）定义。

如果运放有差分输入和单端输出，小信号输出电压可以描述为差分输入电压（V_{id}）和共模输入电压的方程：

$$V_o = A_{dm}V_{id} + A_{cm}V_{IN,COM} \tag{7.15}$$

其中，A_{dm} 是差模增益；$A_{dm}=A_o$，A_o 为输出增益；A_{cm} 是共模增益。则共模抑制比的定义为：

$$\text{CMRR} = \left|\frac{A_{dm}}{A_{cm}}\right| \tag{7.16}$$

从应用角度考虑，CMRR 可以理解为每单位共模输入电压的变化引起的输入失调电压的变化。例如，假定共模输入电压为 0，然后调整差分输入电压使得输出电压也为 0，这时输入的直流电压就是输入失调电压 V_{OS}。如果保持差分输入电压不变，将共模输入电压改变 $\Delta V_{IN,COM}$，小信号输出电压就会改变一个量 v_o：

$$v_o = \Delta V_o = A_{cm}\Delta V_{IN,COM} = A_{cm}v_{IN,COM} \tag{7.17}$$

其中，$v_{IN,COM}$ 为共模输入电压交流分量。

为使得输出电压重新归 0，使差分输入电压改变一个量 v_{id}：

$$v_{id} = \Delta V_{id} = \frac{\Delta V_o}{A_{dm}} = \frac{A_{cm}\Delta V_{IN,COM}}{A_{dm}} \tag{7.18}$$

所以我们可以把 CMRR 理解为由共模输入电压变化引起的输入失调电压的变化。结合式（7.17）和式（7.18），可以得到：

$$\text{CMRR} = \left|\frac{A_{dm}}{A_{cm}}\right| = \left(\left.\frac{\Delta V_{id}}{\Delta V_{IN,COM}}\right|_{v_o=0}\right)^{-1} = \left(\frac{\Delta V_{os}}{\Delta V_{IN,COM}}\right)^{-1} = \left(\left.\frac{\partial V_{os}}{\partial V_{IN,COM}}\right|_{V_o=0}\right)^{-1} \tag{7.19}$$

在差分输入、单端输出的运算放大器中，输入失调电压是共模输入电压的函数，同时这个输入失调电压又会输出一个与所需信号难以区分的电压。对于共模抑制比为 10^4（80dB）的电路，1V 的共模输入电压变化会产生相当于 0.1mV 的输入失调电压。

（2）两级运放的 CMRR。

对于电路的共模抑制比，有：

$$\text{CMRR} = \left|\frac{A_{dm}}{A_{cm}}\right| = \left|\frac{V_5 V_3}{V_3 V_{id}}\right| / \left|\frac{V_5 V_3}{V_3 V_{IN,COM}}\right| = \text{CMRR}_1 \tag{7.20}$$

其中，CMRR_1 是输入级的共模抑制比。因为第二级是单端输入、单端输出的结构，所以不贡献共模抑制比。考虑到输入级对于共模输入信号是完全对称的，我们可以认为共模信号到 V_3 的增益等于共模信号到 V_2 的增益。如图 7.2 所示，图 7.2（a）为共模交流等效电路，图 7.2（b）为共模半电路交流等效电路。

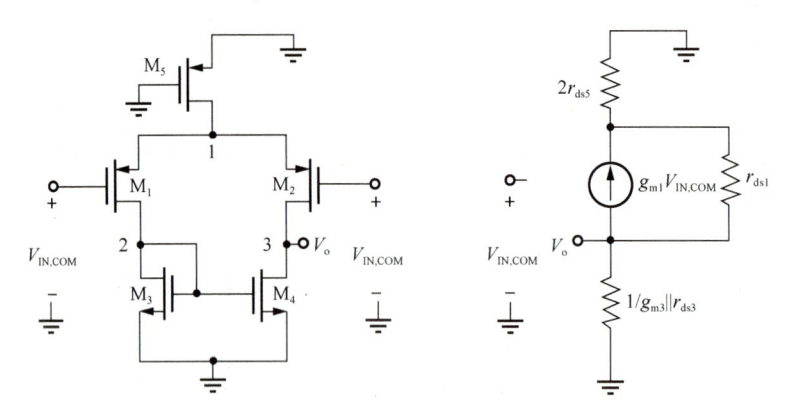

（a）共模交流等效电路　　　　　（b）共模半电路交流等效电路

图 7.2　共模等效电路

由源极负反馈增益可知，等效输入跨导 G_m 为：

$$G_m = \frac{g_{m1}r_{o1}}{2r_{o5} + r_{o1}(1 + g_{m1}2r_{o5})} \tag{7.21}$$

如果 $g_{m1}r_{o1} \gg 2r_{o5}$，那么 G_m 可以简化为：

$$G_m \approx \frac{1}{2r_{o5}} \tag{7.22}$$

输出阻抗为：

$$R_{out} = \frac{1}{g_{m3}} \| r_{o3} \| \left[2r_{o5} + r_{o1}(1 + g_{m1}r_{o5})\right] \approx \frac{1}{g_{m3}} \tag{7.23}$$

所以共模增益为：

$$A_{cm} = G_m R_{out} = \frac{1}{2g_{m3}r_{o5}} \tag{7.24}$$

所以 CMRR 可以表示为：

$$\text{CMRR} = \left|\frac{A_{dm}}{A_{cm}}\right| = 2g_{m3}r_{o5}g_{m1}(r_{o2} \| r_{o4}) \tag{7.25}$$

将等效输入跨导和单管输出阻抗替换，忽略单管输出阻抗的沟道长度调制效应，使 $I_{DS1} = I_{DS2} = I_{DS3} = I_{DS4} = I_{DS5}/2$，得到：

$$\text{CMRR} = 2\frac{2I_{DS3}}{V_{GST3}} \times \frac{1}{\lambda_p I_{DS5}} \times \frac{2I_{DS1}}{V_{GST1}}\left(\frac{1}{\lambda_p I_{DS2}} \| \frac{1}{\lambda_n I_{DS4}}\right) = \frac{4}{V_{GST1}V_{GST3}\lambda_p(\lambda_p + \lambda_n)} \tag{7.26}$$

降低过驱动电压可以提高 CMRR，另外将 M_5 替换成高阻抗电流源也可以提高 CMRR，但这样会降低共模输入范围。

7. 电源抑制比（PSRR）

（1）电源抑制比的定义。

假设正电源和负电源的小信号输出电压的变化分别为 V_{dd} 和 V_{ss}，出于简化考虑，使 $V_{IN,COM}=0$，那么小信号输出电压 V_o 为：

$$V_o = A_{dm}V_{id} + A^+V_{dd} + A^-V_{ss} \tag{7.27}$$

其中 A^+ 和 A^- 分别是正电源和负电源到输出的小信号增益（简称正电源增益和负电源增益）。将式（7.27）改写为：

$$V_o = A_{dm}\left(V_{id} + \frac{A^+}{A_{dm}}V_{dd} + \frac{A^-}{A_{dm}}V_{ss}\right) = A_{dm}\left(V_{id} + \frac{V_{dd}}{PSRR^+} + \frac{V_{ss}}{PSRR^-}\right) \tag{7.28}$$

其中

$$PSRR^+ = \frac{A_{dm}}{A^+} \tag{7.29}$$

$$PSRR^- = \frac{A_{dm}}{A^-} \tag{7.30}$$

正电源抑制比 $PSRR^+$ 为差模增益与正电源增益的比值，负电源抑制比 $PSRR^-$ 为差模增益与负电源增益的比值。电源抑制比越高越好，以减小电源对输出的影响。实际中，电源抑制比会随着频率的增加而下降。

（2）两级运放的 PSRR。

① 正电源抑制比 $PSRR^+$。

在计算正电源增益时，我们假定负电源和输入信号在交流条件下都接地。由于 M_8 的电流恒定，导致 $V_{GS8}=V_{GS5}=V_{GS7}=0$，$g_{m5}=g_{m7}=0$。这样一来，如果 r_{ds5} 和 r_{ds7} 都接近无穷大，那么正电源增益 $A^+=V_o/V_{dd}=0$。但实际 r_{ds5} 和 r_{ds7} 为有限值，正电源到输出的交流等效电路如图 7.3 所示。正电源增益实际上是通过两部分叠加得到。图 7.3（a）中输出电压为 V_{oa}，r_{o5} 所接电源电压为 0；图 7.3（b）中输出电压为 V_{ob}，r_{ds7} 所接电源电压为 0。通过线性叠加原理得到 $A^+ = V_o/V_{dd} = (V_{oa}+V_{ob})/V_{dd}$。

（a）通过第二级　　　　　　（b）通过输出级

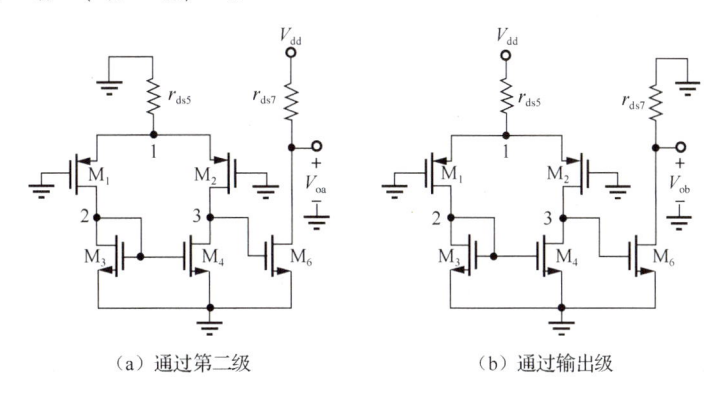

图 7.3　正电源到输出的交流等效电路

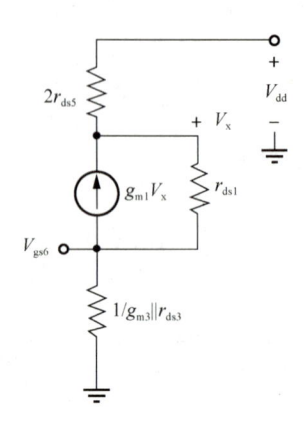

图 7.4 正电源输入级等效电路

在图 7.4 中，输入级无偏差，$V_{gs6}=0$，从而 $g_{m6}=0$，输出级呈现为一个分压器。图 7.1 中的 M_6 和 M_7 的漏源电流相等，因此得到：

$$\frac{V_{oa}}{V_{dd}} = \frac{r_{o6}}{r_{o6}+r_{o7}} = \frac{\frac{1}{\lambda_n I_{DS6}}}{\frac{1}{\lambda_n I_{DS6}}+\frac{1}{\lambda_p I_{DS7}}} = \frac{\lambda_p}{\lambda_n+\lambda_p} \tag{7.31}$$

在图 7.3（b）中，有：

$$\frac{V_{ob}}{V_{oa}} = \frac{V_{ob}}{V_{gs6}}\frac{V_{gs6}}{V_{dd}} \tag{7.32}$$

此式第一项为输入级放大器正电源到输出信号的增益，第二项为第二级的增益。正电源输入级等效电路如图 7.4 所示，这是一个共栅极放大电路，如果 $g_{m1}r_{o1} \gg 2r_{o5}$，则：

$$\frac{V_{gs6}}{V_{dd}} = \frac{g_{m1}r_{ds1}+1}{2r_{ds5}+r_{ds1}(1+g_{m1}2r_{ds5})+\frac{1}{g_{m3}}\|r_{ds3}} \times \left(\frac{1}{g_{m3}}\|r_{ds3}\right) \approx \frac{1}{2g_{m3}r_{ds5}} \tag{7.33}$$

而第二级增益为：

$$\frac{V_{ob}}{V_{gs6}} = -g_{m6}(r_{ds6}\|r_{ds7}) \tag{7.34}$$

将式（7.33）和式（7.34）代入式（7.32），得到：

$$\frac{V_{ob}}{V_{dd}} = \frac{V_{ob}}{V_{gs6}} \times \frac{V_{gs6}}{V_{dd}} \approx -\frac{g_{m6}(r_{ds6}\|r_{ds7})}{2g_{m3}r_{ds5}} = -\frac{g_{m6}}{2g_{m3}}\frac{\lambda_n I_{DS5}}{(\lambda_n+\lambda_p)I_{DS6}} = -\frac{V_{GST3}}{V_{GST6}}\frac{\lambda_n}{(\lambda_n+\lambda_p)} \tag{7.35}$$

如果为了控制系统失调让 $V_{GST3}=V_{GST6}$，那么式（7.35）可以化简为：

$$\frac{V_{ob}}{V_{dd}} \approx -\frac{\lambda_n}{(\lambda_n+\lambda_p)} \tag{7.36}$$

由此可知，如果器件完美匹配，在低频下 PSRR$^+$ 趋近于无穷大，这是因为输入级正电源到输出的小信号增益与第二级正电源到输出的小信号增益相互抵消。在实际电路中，由于失配导致输入级共模跨导增加，这会破坏原有的抵消作用，从而降低 PSRR$^+$。

② 负电源抑制比 PSRR$^-$。

为计算负电源抑制比，要得到负电源到输出信号的增益 $A^-=V_o/V_{ss}$。假定电源电压 VDD 恒定，运放输入信号在交流条件下接地。从 M_1 漏极向上看，这是一个带源极负反馈的共源放大器，其输出阻抗很大，可以等效为一个电流源和一个大阻抗并联；从 M_3 漏极向下看，阻抗为 $1/g_{m3}$，这样负电源即 M_3 源极的微小变化几乎不会改变 M_3 的漏源电流，因此 M_3 的栅源电压保持不变，进而 M_6 的栅源电压也保持不变，所以 $g_{m6}=0$。对于负电源而言，通过输入级负电源到输出小信号的增益为 0，而第二级相对于负电源呈现为一个阻性分压器，所以：

$$A^-=\frac{V_o}{V_{ss}}=\frac{r_{ds7}}{r_{ds6}+r_{ds7}}=\frac{\dfrac{1}{\lambda_p I_{DS7}}}{\dfrac{1}{\lambda_n I_{DS6}}+\dfrac{1}{\lambda_p I_{DS7}}}=\frac{\lambda_n}{\lambda_n+\lambda_p} \tag{7.37}$$

把式（7.37）代入式（7.29）得到：

$$\text{PSRR}^-=\frac{A_{dm}}{A^-}=\frac{\dfrac{V_o}{V_{id}}}{\dfrac{V_o}{V_{ss}}}=\frac{-\dfrac{4}{V_{GST1}V_{GST6}(\lambda_p+\lambda_n)^2}}{\dfrac{\lambda_n}{\lambda_n+\lambda_p}}=-\frac{4}{V_{GST1}V_{GST6}\lambda_n(\lambda_p+\lambda_n)} \tag{7.38}$$

在分析频率升高后的负电源抑制比的变化情况时，我们需要注意以下几个关键点。首先，随着频率升高，密勒电容 C_C 的阻抗下降，使得 M_6 的栅极和漏极之间形成短路，负电源变化直接传递到输出端。所以，假定 $C_C \gg C_L$，当频率高到足以短路 C_C 之后，负电源增益 $A^-=1$。同样的现象使得 A_{dm} 和 A^+ 随频率升高而下降，而 PSRR$^+$ 相对保持不变。A^- 增加到 1 而 A_{dm} 下降，只有当 A_{dm} 下降为 1 时，PSRR$^-$ 才会下降为 1。

8. 转换速率

（1）转换速率的定义。

转换速率也就是压摆率（Slew Rate，SR），是指在大信号情况下，运放的输入端接入较大的阶跃信号时，输出信号波形随之发生大的变化，输出电压变化与时间的比值叫作压摆率，单位是 V/μs。如果输出信号的变化速度跟不上输入信号的变化速度，就会发生截断或者饱和的现象。输出信号波形对输入信号频率具有依赖性，频率过快可能会产生截断或饱和的失真，这叫作压摆率限制（Slew Rate Limiting，SRL）。此时运放没有工作在线性区域，而是工作在大信号区域，所以无论是开环还是闭环，压摆率的值都是不变的。压摆率与运放的全功率带宽（Full-Power Bandwidth，FPBW）有关联。全功率带宽是指一个频率 f_{max}，在该频率下，输出的正弦波电压的幅度达到运放输出电压的最大值 V_{max}，并且由于压摆率限制，f_{max} 开始失真。这个最大幅度通常小于电源电压，因为运放内部存在一定的压降。例如，将运放配置为单位增益跟随器时，输入一个最大幅度的正弦电压 $V_{max}\sin(2\pi ft)$，令其对时间求导并在过零点处取得斜率最大值，将其设置为压摆率，得到全功率带宽为：

$$f_{max} = \frac{SR}{2\pi V_{max}} \tag{7.39}$$

也就是说 SR 决定了运放能处理的最大频率和最大输出幅度之间的关系。

（2）两级放大器的 SR。

在分析两级放大器的 SR 时，我们考虑图 7.5 所示的情况。对于大的正输入阶跃，M_2 截止，M_5 的电流流经 M_1 和 M_3，电流镜效应使得 M_4 也流经同样的电流。因为 M_2 截止，这个电流从电容 C_C 流过。恒定电流 I_{DS5} 流过 C_C 在其两端产生一个电压梯度，斜率为 $\Delta V/\Delta t = I_{DS5}/C_C$。如果 M_7 提供足够的电流给 M_6，那么 V_{GS6} 保持恒定，节点 3 的电压不变，导致节点 5 电压呈梯度上升。对于大的负输入阶跃，M_1、M_3 和 M_4 截止，M_2 导通，M_5 的电流全部流经 M_2 并流过 C_C。由于 M_7 有足够的电流流过 M_6，V_{GS6} 保持恒定，即节点 3 电压不变，导致节点 5 电压以同样的斜率负相变化。压摆率 SR_{int} 为：

$$SR_{int} = \frac{I_{DS5}}{C_C} \tag{7.40}$$

其中，SR_{int} 也叫作内部压摆率，因为节点 3 既是限制点，又是一个内部节点。

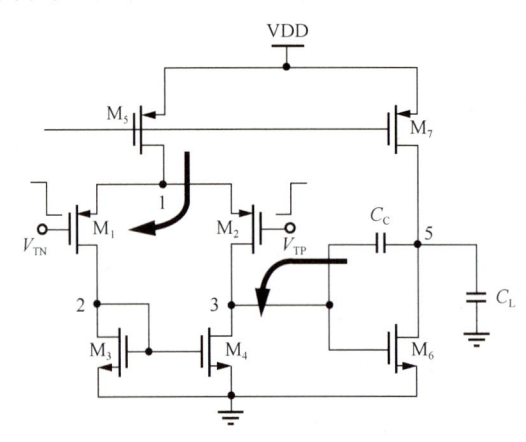

图 7.5　两级放大器压摆率电路图

对于负载电容 C_L 的充放电过程，我们需要考虑以下几点。对 C_L 放电通常不存在问题，因为当 M_6 过度驱动（V_{GS6} 很大）时，它可以流经很大的电流。但是当对 C_L 充电时，只能在有限的时间内实现，因为 C_L 是通过 M_7 进行充电的。如图 7.6 所示，由于 M_7 有一部分电流 I_{DS5} 要流过电容 C_C，所以只有 $I_{DS5} \sim I_{DS7}$ 的电流能够经过 C_L。这样一来，对于正的输入阶跃，内部节点 3 的电压会下降，进而减少流经 M_6 的电流。电流 $I_{DS5} \sim I_{DS7}$ 对 C_L 充电，形成一个正的电压梯度，其斜率 SR_{ext} 为：

$$SR_{ext} = \frac{I_{DS7} - I_{DS5}}{C_L} \tag{7.41}$$

SR_{ext} 就是外部的压摆率,因为输出节点 5 是限制节点,临界负载电容 C_{LC} 为:

$$C_{\text{LC}} = C_{\text{C}} \frac{I_{\text{DS7}} - I_{\text{DS5}}}{I_{\text{DS5}}} \qquad (7.42)$$

这里的 C_{LC} 包含负载电容和节点 5 的寄生电容。当 C_{L} 大于 C_{LC} 时,压摆率由 SR_{ext} 决定,反之由 SR_{int} 决定。总的压摆率是 $\min\{SR_{\text{int}}, SR_{\text{ext}}\}$,所以:

$$SR = \min\{\frac{I_{\text{DS5}}}{C_{\text{C}}}, \frac{I_{\text{DS7}} - I_{\text{DS5}}}{C_{\text{L}}}\} \qquad (7.43)$$

9. 噪声

在分析一个运放的噪声性能时,通常用等效输入噪声作为衡量标准。在图 7.1 的两级运放中,第二级的噪声在等效到输入端时要除以输入级的增益,因此同输入级噪声相比,第二级噪声可以忽略。输入级噪声等效电路图如图 7.7 所示,由此可得:

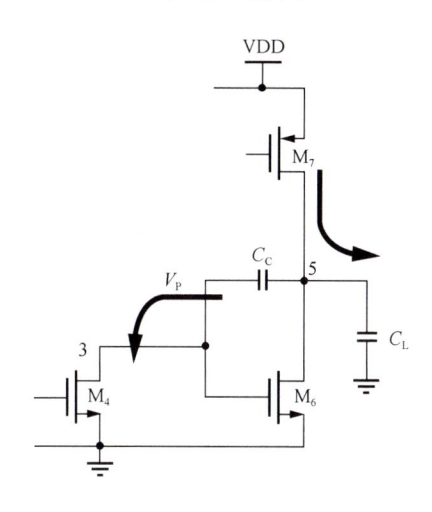

图 7.6 外部压摆率

$$\overline{dv_{\text{ieq}}^2} = \frac{\overline{di_{\text{out}}^2}}{g_{\text{m1}}^2} = \frac{2(\overline{di_1^2} + \overline{di_3^2})}{g_{\text{m1}}^2} = 2\overline{dv_1^2} + 2\overline{dv_3^2}\left(\frac{g_{\text{m3}}^2}{g_{\text{m1}}^2}\right) \qquad (7.44)$$

一个 MOS 管的等效输入电压噪声可以表示为:

$$\overline{dv_{\text{n}}^2(f)} = \frac{8kT}{3}\frac{1}{g_{\text{m}}}df + \frac{K_{\text{F}}}{WLC_{\text{ox}}}\frac{df}{f} \qquad (7.45)$$

式中第一项为白噪声,第二项为闪烁噪声,中频以上白噪声占主导。

$$\overline{dv_{\text{ieq,w}}^2} = \frac{16kT}{3}\frac{1}{g_{\text{m}}}\left(1 + \frac{g_{\text{m3}}}{g_{\text{m1}}}\right) \qquad (7.46)$$

低频时闪烁噪声占主导。

$$\overline{dv_{\text{ieq,f}}^2} = 2\frac{K_{\text{F,p}}}{W_1 L_1 C_{\text{ox}}}\left[1 + \frac{K_{\text{F,n}} W_1 L_1}{K_{\text{F,p}} W_3 L_3}\left(\frac{g_{\text{m3}}^2}{g_{\text{m1}}^2}\right)\right]\frac{df}{f} = \frac{2K_{\text{K,p}}}{W_1 L_1 C_{\text{ox}}}\left[1 + \frac{K_{\text{F,n}} K P_{\text{n}} L_1^2}{K_{\text{F,p}} K P_{\text{p}} L_3^2}\right]\frac{df}{f} \qquad (7.47)$$

式(7.44)中 $dv_{\text{ieq,f}}^2$ 为等效输入电压噪声功率,$\overline{di_{\text{out}}^2}$、$\overline{di_1^2}$、$\overline{di_3^2}$ 分别表示输出电流噪声功率和相应的输入电流噪声功率;$\overline{dv_1^2}$ 和 dv_3^2 为相应的输入电压噪声功率。式(7.45)中 k 为玻尔兹曼常数,$k \approx 1.38 \times 10^{-23}$ J/K,T 为绝对温度,单位为 K,K_{F} 为闪烁噪声系数。

式(7.46)的下标 ieq,w 表示等效白噪声。式(7.47)中下标 ieq,f 表示等效闪烁噪声;$K_{\text{F,p}}$、$K_{\text{F,n}}$ 为 PMOS 和 NMOS 的闪烁噪声系数,K 为常数,P_{n} 和 P_{p} 分别为 NMOS 和 PMOS 的功率。

令式(7.46)和式(7.47)相等,即可得闪烁噪声拐点对应的频率。

可以看到,增大 g_{m} 即增大 W/L 可以减小白噪声,增大 W 可以改善闪烁噪声,而输入管的噪声所占比例又较大。所以,一般采用增大输入管面积的方法来优化电路的噪声性能。

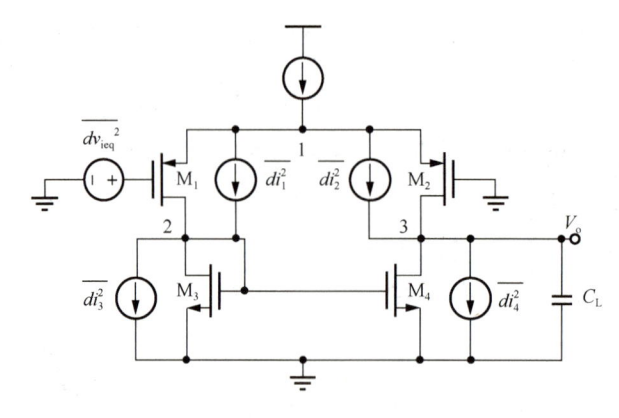

图 7.7　输入级噪声等效电路图

五、电路设计

在本例中，将基于中芯国际的 0.18μm 工艺技术（smic18ee 工艺库）来设计电路，设计指标如表 7.1 所示。

表 7.1　设计指标

指标项目	指标要求
面积	≤40000μm^2
负载电容	=3 pF
共模输入电压	固定在(VDD +VSS)/2
输出动态范围	[0.1(VDD–VSS), 0.9(VDD–VSS)]
静态功耗	≤2 mW
开环直流增益	≥80 dB
单位增益带宽	≥40MHz
相位裕度	≥60°
转换速率	≥20 V/μs
共模抑制比	≥60 dB
负电源抑制比	≥80 dB
等效输入噪声	≤300 nV/$\sqrt{\text{Hz}}$ @1kHz

1. 设计指标约束分析

（1）静态功耗。

首先进行静态功耗分析，根据指标要求，静态功耗要小于 1mW，而电源电压为 1.8V。为了满足设计要求并保留一定余量，消耗电流应控制在 0.5mA 左右。令 M_8 的漏源电流 I_{DS8} 为标准电流 I_B，同时设定 $I_{DS5}=k_1 I_{DS8}$，$I_{DS7}=k_2 I_{DS8}$。因此要满足：

$$(k_1 + k_2 + 2)I_{DS8} \leq 0.5\text{mA} \tag{7.48}$$

（2）对称和失调。

首先为了对称性，首先需要考虑：

$$W_1 = W_2, L_1 = L_2, W_3 = W_4, L_3 = L_4 \tag{7.49}$$

其次为得到无系统失调或者说对工艺偏差不灵敏的工作点，由式（7.11）得：

$$\frac{(W/L)_{3,4}}{(W/L)_6} = \frac{\frac{1}{2}(W/L)_5}{(W/L)_7} \tag{7.50}$$

对于偏置电路，有：

$$(W/L)_8 = (W/L)_9, (W/L)_{10} = (W/L)_{11} \tag{7.51}$$

为简化设计，可以使 $(W/L)_{12} = 4(W/L)_{13}$。

（3）直流增益。

指标要求直流增益应大于或等于 80dB，这相当于增益至少为 10000 倍，那么总的直流开环电压增益 A_0 为：

$$A_0 = A_1 A_2 = -g_{m2} g_{m6} (r_{o2} \| r_{o4})(r_{o6} \| r_{o7}) \tag{7.52}$$

将过驱动电压 $V_{GS} - V_T$ 写作 V_{GST}，有：

$$g_m = \mu C_{ox} V_{GST} = \frac{2I_D}{V_{GST}} \tag{7.53}$$

而电阻 r_o 由下式决定：

$$r_o = \frac{1}{\lambda I_{DS}} \tag{7.54}$$

所以式（7.52）可以表示为：

$$A_0 = -\frac{2I_{DS2}}{V_{GST2}} \left(\frac{1}{\lambda_p I_{DS2}} \| \frac{1}{\lambda_n I_{DS4}} \right) \frac{2I_{DS6}}{V_{GST6}} \left(\frac{1}{\lambda_n I_{DS6}} \| \frac{1}{\lambda_p I_{DS7}} \right)$$
$$= -\frac{4}{V_{GST2} V_{GST6} (\lambda_p + \lambda_n)^2} \geq 10000 \tag{7.55}$$

（4）共模抑制比。

指标要求共模抑制比 CMRR 应大于或等于 60dB，这相当于增益比至少为 1000 倍，由式（7.29）得：

$$\frac{4}{V_{GST1} V_{GST3} \lambda_p (\lambda_p + \lambda_n)} \geq 1000 \tag{7.56}$$

（5）电源抑制比。

理论上，正电源抑制比（PSRR⁺）为无穷大，指标要求负电源抑制比（PSRR⁻）大于或等于 80dB，这相当于增益比至少为 10000 倍，由式（7.38）得：

$$\frac{4}{V_{GST1} V_{GST6} \lambda_n (\lambda_p + \lambda_n)} \geq 10000 \tag{7.57}$$

（6）转换速率。

指标要求 SR 应大于或等于 20V/μs，由式（7.43）得：

$$SR = \min \left\{ \frac{I_{DS5}}{C_C}, \frac{I_{DS7} - I_{DS5}}{C_L} \right\} \geq 20 \text{ V/μs} \tag{7.58}$$

电容 C_C 未知，一般约为 C_L 的三分之一，即 1pF。这样得到 I_{DS5} 应大于 20μA，I_{DS7} 应大于 80μA。

（7）等效输入噪声。

指标要求等效输入噪声应小于或等于 $300\ \text{nV}/\sqrt{\text{Hz}}$ @1kHz，1kHz 处通常闪烁噪声（1/f 噪声）占主导，得：

$$\sqrt{\frac{2K_{F,P}}{W_1L_1C_{ox}}\left[1+\frac{K_{F,n}KP_nL_1^2}{K_{F,p}KP_pL_3^2}\right]\frac{\mathrm{d}f}{1\text{kHz}}} \leqslant 300\ \text{nV}/\sqrt{\text{Hz}} \tag{7.59}$$

（8）相位补偿。

M_{14} 管能够独立于 PVT［工艺（Process）、电压（Voltage）和温度（Temperature）］的变化来跟踪跨导 g_{m6}，即可以跟踪非主极点 $p2$。我们选择让零点 $z1$ 位于增益带宽积（GBW）的 1.2 倍处，令非主极点 $p2$ 位于 GBW 的 1.5 倍处。这样既可以增加相位裕度，也避免了不必要的功耗浪费。由于采用了线性 MOS 管和特殊的偏置电路来实现补偿电阻，因此这种设计不会受到 PVT 的影响。

$$R_c g_{m6} = \frac{(W/L)_6}{(W/L)_{14}}\frac{\sqrt{(W/L)_{11}}}{\sqrt{(W/L)_{13}}} = \frac{g_{m6}}{1.2g_{m1}}+1 \tag{7.60}$$

同时使非主极点 p_2 位于 GBW 的 1.5 倍处：

$$\frac{g_{m6}}{C_L\left(1+\dfrac{C_{n3}}{C_C}\right)} = 1.5\text{GBW} = \frac{1.5g_{m1}}{C_C} \tag{7.61}$$

可以得到：

$$\frac{g_{m6}}{g_{m1}} = \frac{1.5C_L}{C_C}\left(1+\frac{C_{n3}}{C_C}\right) \tag{7.62}$$

其中 C_{n3} 为 3 结点对地总电容。

2. 电流分配及电路设计

在之前设计电路的过程中，我们共用到 4 个设计参数，分别为 I_{DS}、W、L 和 V_{GST}，其中一般将 W/L 当作一个参数，因此设计参数变为电流（I_{DS}），宽长比（W/L）和过驱动电压（V_{GST}）这三个。根据平方律公式，三个设计参数中只有两个自由参数。在本例中，由于事先分配好了电流，所以，只要决定了过驱动电压，就可以得到管子的尺寸。通常先选择过驱动电压为 0.1～0.2V，如果已知跨导，就可以计算其电流和宽长比。

输入级电流增大有助于提高 g_{m1} 和 SR_{int}，这里取 $I_{DS6}=4I_{DS1}$。取偏置电流 $I_{DS8}=10μA$，$k_1=12$，$k_2=24$，即 $I_{DS5}=120\ μA$，$I_{DS7}=240\ μA$，总电流为 380μA。

由前面的分析，根据式（7.4）可知：

$$I_B = \frac{2}{\mu_n C_{ox}\left(\dfrac{W}{L}\right)_{12}R_B^2}\left(\sqrt{\frac{(W/L)_{12}}{(W/L)_{13}}}-1\right)^2$$

产生的基准电流 I_B 仅与电阻 R_B 和 M_{12}、M_{13} 的尺寸有关，不受电源电压的影响。因此也可以将该表达式写成：

第 7 章 集成电路综合设计实验——二级密勒补偿运算放大器设计实验

$$R_B = \frac{2}{\sqrt{2KP_n(W/L)_{12}I_B}} \left(\sqrt{\frac{(W/L)_{12}}{(W/L)_{13}}} - 1 \right) \tag{7.63}$$

而其中 $\sqrt{2KP_n(W/L)_{12}I_B} = g_{m12}$，因此：

$$g_{m12} = \frac{2}{R_B} \left(\sqrt{\frac{(W/L)_{12}}{(W/L)_{13}}} - 1 \right) \tag{7.64}$$

可以看出，g_{m12} 仅由 R_B 以及 M_{12} 与 M_{13} 的宽长比决定。若取 $(W/L)_{12} = 4(W/L)_{13}$ 则可以得到：

$$g_{m12} = \frac{2}{R_B} \tag{7.65}$$

$$g_{m13} = \frac{1}{R_B} \tag{7.66}$$

由于 MOS 管的 g_m 正比于 $\sqrt{(W/L)I_{DS}}$，因此，由此电路提供偏置的每个晶体管的静态电流都可由 I_B 推导得到。

下面我们来计算电流源中各 MOS 管的宽长比。首先统一设置所有 MOS 管的长度为 1μm。如果将所有管子的过驱动电压设为同一值，则各 MOS 管宽长比可以直接由各管电流之比得到。为此，可以利用此偏置电路，考察在一定电流下，过驱动电压与管子尺寸的关系。

由于仿真器所用的模型为 BSIM3V3，我们直接建立一个电路去测试 NMOS 管和 PMOS 管分别在多少过驱动电压和多少宽长比的条件下，漏极电流可以达到基准电流 10μA。

PMOS 管的单管匹配电路图如图 7.8 所示，PMOS 管模型使用 smic18ee 工艺库中的 p18 模型，在 analogLib 库里选择 idc 电流源，并将其设置为提供 10μA 的饱和电流。将 PMOS 管的宽度设置成一个变量 w。使用快捷键 q 选中 M_8 管，然后在 Finger Width 一栏中输入变量 w，这个变量名可以自定义，但是需要以字母开头，最后单击 Check and Save 按钮保存设置。值得注意的是，每次修改电路之后，都必须检查并保存电路，才能进行仿真，否则会报错。

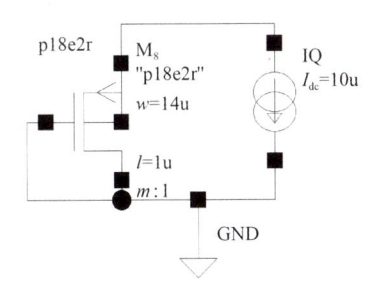

图 7.8 PMOS 管的单管匹配电路图[①]

---

① 关于本章涉及到的电路图中的单位，若无单位，则默认为该变量的标准单位（如电压为 V，电流为 A，跨导为 S）；若其后有符号，则变量单位为该符号与标准单位组成的单位（如电压 V_{dc}=900.0m 即 V_{dc}=900.0mV）；其中 u 表示 μ。

在原理图的界面选择菜单 Launch/ADE XL 启动仿真设计环境 Virtuoso Analog Design Environment。在 Virtuoso Analog Design Environment 窗口左边的 Data view 栏的 Tests 项下单击 Click to add test 按钮，打开 ADE XL 界面。在 ADE XL 界面中选择 Variables→Copy From Cellview 命令，之后会在 Design Variables 一栏中出现变量 w，如图 7.9 所示。

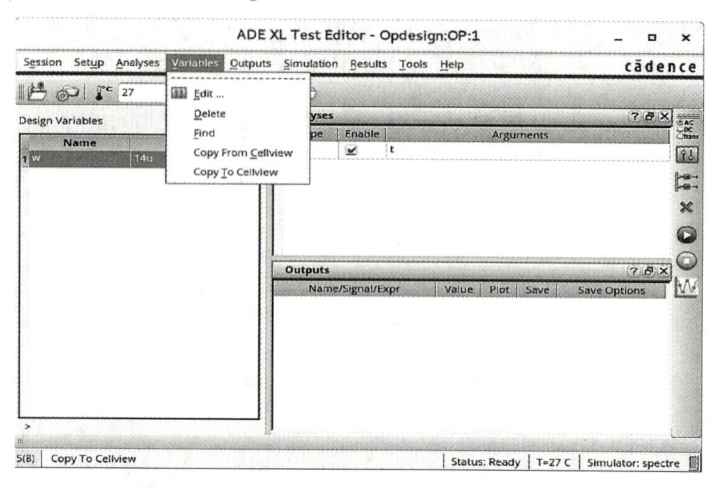

图 7.9 ADE 仿真环境设置

在使用变量前，需要为其赋一个初值，双击变量名 w，弹出对话框。在 Value（Expr）一栏中键入 14u，即 14μm。单击 OK 按钮，结束设置。

选择 Analyses→Choose 命令，弹出 Choosing Analyses 界面，选择 dc 分析方法，并保存静态工作点，DC 仿真设置如图 7.10 所示。

图 7.10 DC 仿真设置

第 7 章 集成电路综合设计实验——二级密勒补偿运算放大器设计实验

在 ADE XL 界面选择 Tools→Parametric Analysis 命令，弹出 Parametric Analysis 界面，如图 7.11 所示。依次填入变量名，扫描范围（此处为 3u 到 20u）和步长（此处为 1u），然后选择 Analysis 菜单下的 Start 选项，开始扫描仿真。

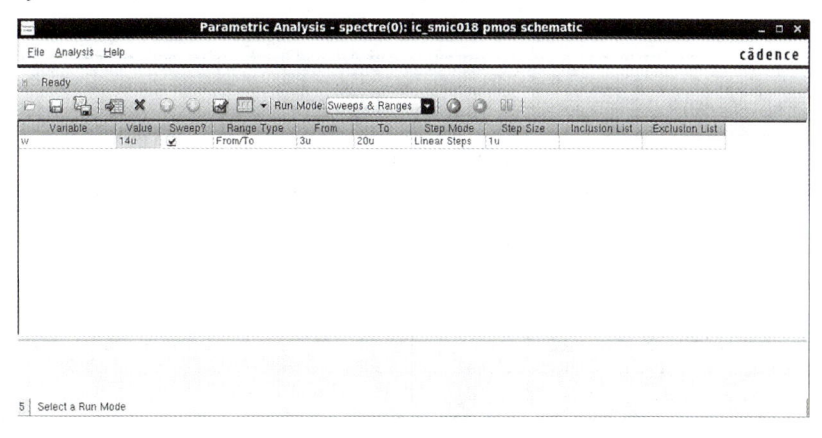

图 7.11 参数扫描设置

当扫描完成后，在 ADE XL 界面中选择 Results→Print→DC Operating Points 命令，再单击 MOS 管，则会出现如下图 7.12 所示的管子在不同 w 下的直流工作状态。其中第一列是不同的 w 值，而 vdsat 列则是相应的过驱动电压的值（即 V_{GST}）。其他参数可以根据需要，进行查看。

图 7.12 管子在不同 w 下的直流工作状态

可以看到，随着 w 的增加，V_{GST} 不断减小。在平时应用中，我们一般选取较为常用的一些值。总结并选取扫描结果可以得到，在 10μA 电流下，V_{GST} 取不同值时，PMOS 单管所应当选取的宽长比值（表 7.2）。

表 7.2 PMOS 单管在不同 V_{GST} 下选取的宽长比

V_{GST}/mV	W/L
300	3
250	4
200	7

续表

V_{GST}/mV	W/L
150	14
100	37

同理，对 NMOS 管进行扫描，得到如表 7.3 所示的数据。

表 7.3　NMOS 单管在不同 V_{dsat} 下选取的宽长比

V_{GST}/mV	W/L
250	0.9
200	1.5
150	3
100	8

值得注意的是，在相同的偏置电流下，若要 NMOS 管与 PMOS 管的过驱动电压相同，则 NMOS 管与 PMOS 管的宽长比之比大约为 3/14。这一点在用到 CMOS 开关时尤为重要，因为此时两管的阻抗大致相等，可以得到最好的 CMOS 开关特性。

在考察了管子的宽长比与过驱动电压的关系后，先根据需要，选取过驱动电压的值，如 150mV。然后查表即可知，在 I=10μA，V_{GST}=150mV 的条件下，NMOS 管 W/L 应取 3，PMOS 管 W/L 应取 14。然后以此为基准尺寸，根据电流的匹配关系，将其余各管的宽长比设置为基准尺寸的倍数。

为了得到较好的匹配，先统一采用 V_{GST}=150mV 的基准尺寸，即 PMOS 管的 W/L=14，NMOS 管的 W/L=3。

M_8 和 M_9 为一对宽长比相同的 PMOS 管，其电流为 10μA，因此：

$$\left(\frac{W}{L}\right)_{8,9} = \frac{14\mu m}{1\mu m}$$

M_{10} 和 M_{11} 两个 NMOS 管宽长比相同，因此设置 NMOS 管的基准尺寸为：

$$\left(\frac{W}{L}\right)_{10,11} = \frac{3\mu m}{1\mu m}$$

根据前面对电流源的分析可知，M_{12} 和 M_{13} 跨导不同，即 $g_{m12} = 2g_{m13}$，电流相等。因此根据 $\sqrt{2KP_n(W/L)_{12}I_B} = g_{m12}$ 可知，应设置 M_{13} 为基准尺寸，M_{12} 尺寸为 M_{13} 的 4 倍。

$$\left(\frac{W}{L}\right)_{12} = \frac{12\mu m}{1\mu m}, \left(\frac{W}{L}\right)_{13} = \frac{3\mu m}{1\mu m}$$

各管的宽长比确定后，R_B 的取值就决定了基准电流的大小，因此我们可以通过仿真去确定 R_B 的精确取值。

第 7 章　集成电路综合设计实验——二级密勒补偿运算放大器设计实验

首先画出电流源的电路图，如图 7.13 所示，R_B 先设置为 8kΩ。参考图 7.9 调出仿真界面，参考图 7.10 选择测试类型。

仿真之后，在 Schematic Editing 界面中的各个元件旁边会显示管子的工作状态和相关参数，同时显示各节点电压。可以看到，在每一个 MOS 管旁边都有 I_d（静态电流）、V_{gs}（栅源电压）、V_{ds}（漏源电压）和 g_m（跨导）的数值。但是我们还关心管子的过驱动电压和漏源电阻，为此我们可以更改管子的显示参数。

在 ADE XL 界面中选择 Results→Annotate→DC Operating Points 命令，可以看到电路中的静态电流大小。首先，观察各管 V_{ds} 和 V_{GST} 的数值，确定每一个管子都在饱和区。其次看到偏置电流仅为 8.44μA，并不是所期望的 10μA，所以就需要将其调整为期望值。电流与 R_B 成反比，为此我们将 R_B 适当减小为 7kΩ，得到电流为 10.2μA，非常接近所需要的电流值。

依照各管子的电流关系，得到各管尺寸，再适当调节 R_B，得到电路的设计参数如表 7.4 所示。

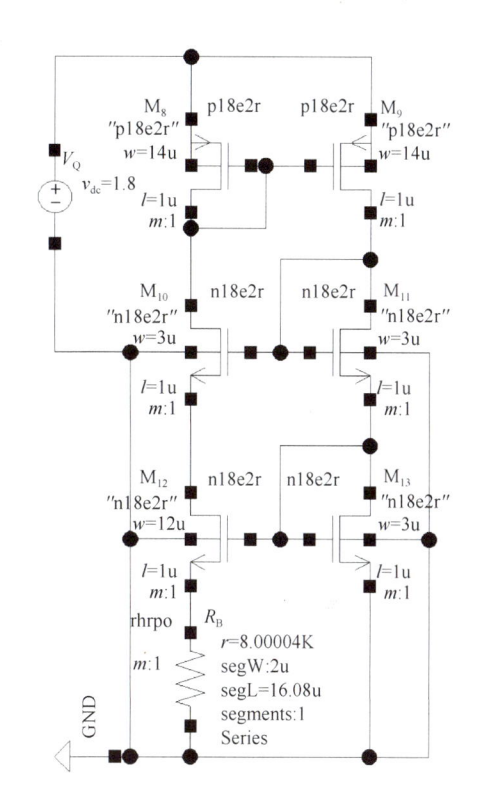

图 7.13　电流源电路

表 7.4　电路的设计参数

元件	比例（Multiplier）	(W/L)
M_1 M_2	6p	84/1
M_3 M_4	6n	18/1
M_5	12p	168/1
M_6	24n	72/1
M_7	24p	336/1
M_8 M_9	1p	14/1
M_{10} M_{11}	1n	3/1
M_{12}	4n	12/1
M_{13}	1n	3/1
M_{14}		10/1
C_C		2 pF
R_B		7kΩ
VDD		1.8V

由各个元件参数可绘出完整电路图，如图 7.14 所示。

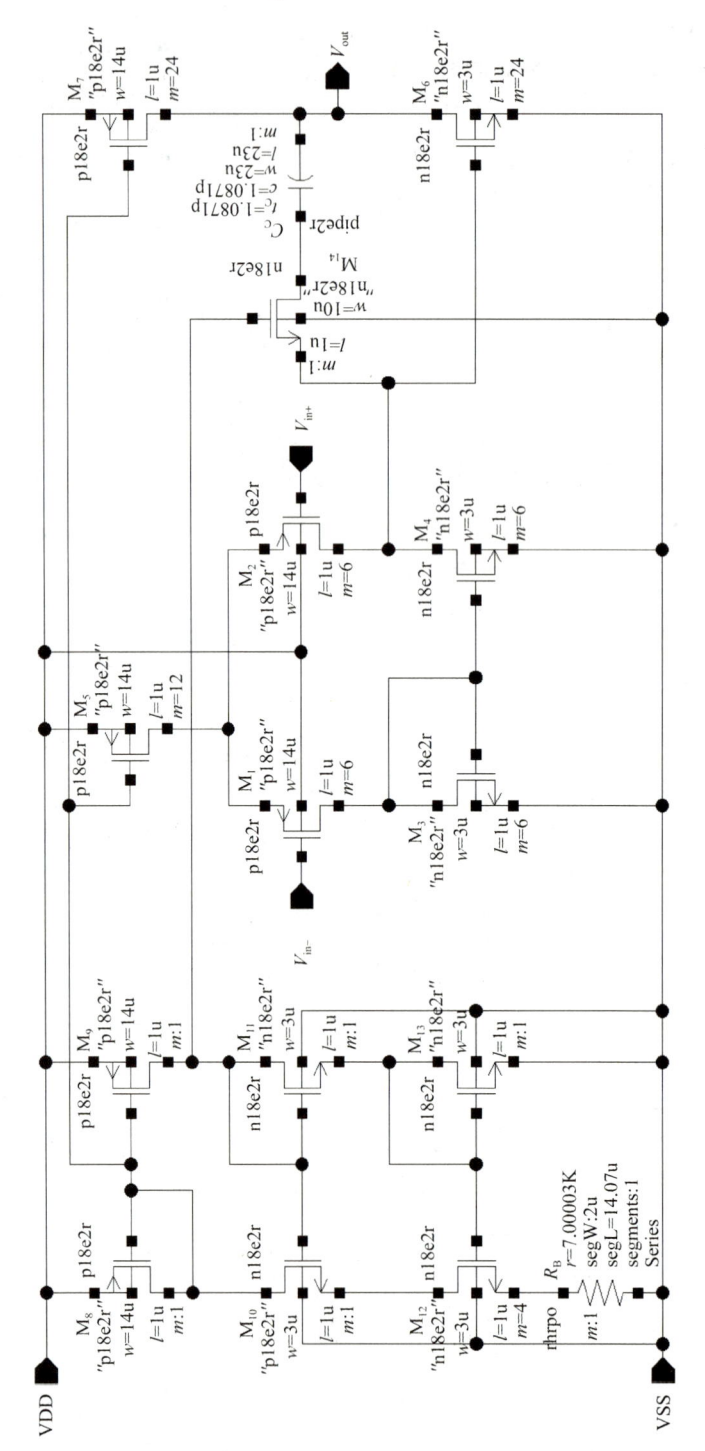

图 7.14 二级运算放大器电路图

3. 前仿真

为了判断我们所设计的电路是否满足指标要求,需要在原理图(schematic)界面对该电路进行前仿真。首先建立一个符号(symbol),然后在原理图(schematic)界面选择 Creat→Cellview→From Cellview 命令,打开建立 symbol 的对话框,设置好各个端口的位置,并根据图 7.15 所示,调整运算放大器的 symbol 以匹配其要求。

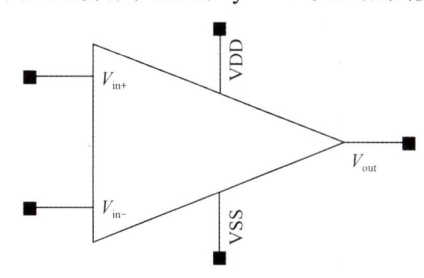

图 7.15 二级运算放大器的 symbol

(1)直流仿真。

图 7.16 展示了直流仿真的测试平台电路,其中输入共模电压设置为 0.9V。

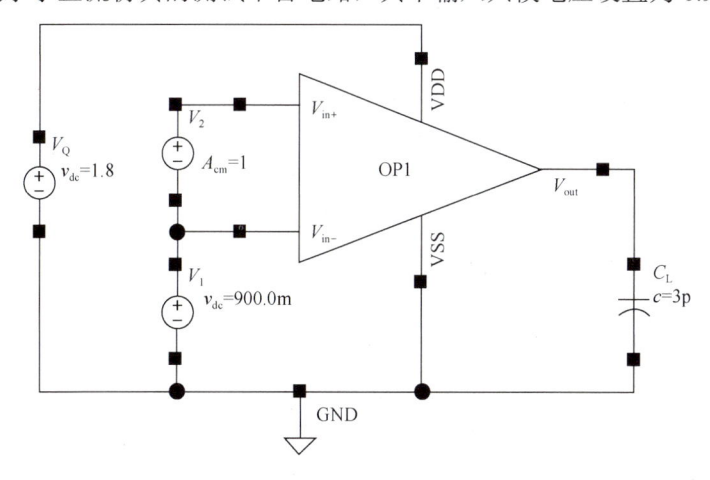

图 7.16 直流仿真测试平台电路

根据直流测试电路得到图 7.17 所示的 DC 仿真结果。

不难发现,运放总功耗 P 可以由下式计算:

$$P = IV = (10.2 + 10.2 + 120 + 245.7) \times 1.8 = 0.695(\text{mW}) < 1\text{mW}$$

显然,该结果远小于要求的功耗指标参数,故符合指标要求。

(2)开环增益、小信号带宽与相位裕度。

为了评估电路中开环增益、小信号带宽与相位裕度三个指标,需要对电路进行交流仿真。可以在图 7.16 所示的测试平台电路基础上增加一个交流仿真模块。交流仿真频率范围为 1Hz~1GHz。仿真完毕,在 ADE XL 界面中选择 Result→Direct Plot→Main Form 命令,选择 db20 选项并单击"输出节点"按钮即可得到幅频特性图,选择 phase 选项再单击"输出节点"按钮可得到相频特性图。

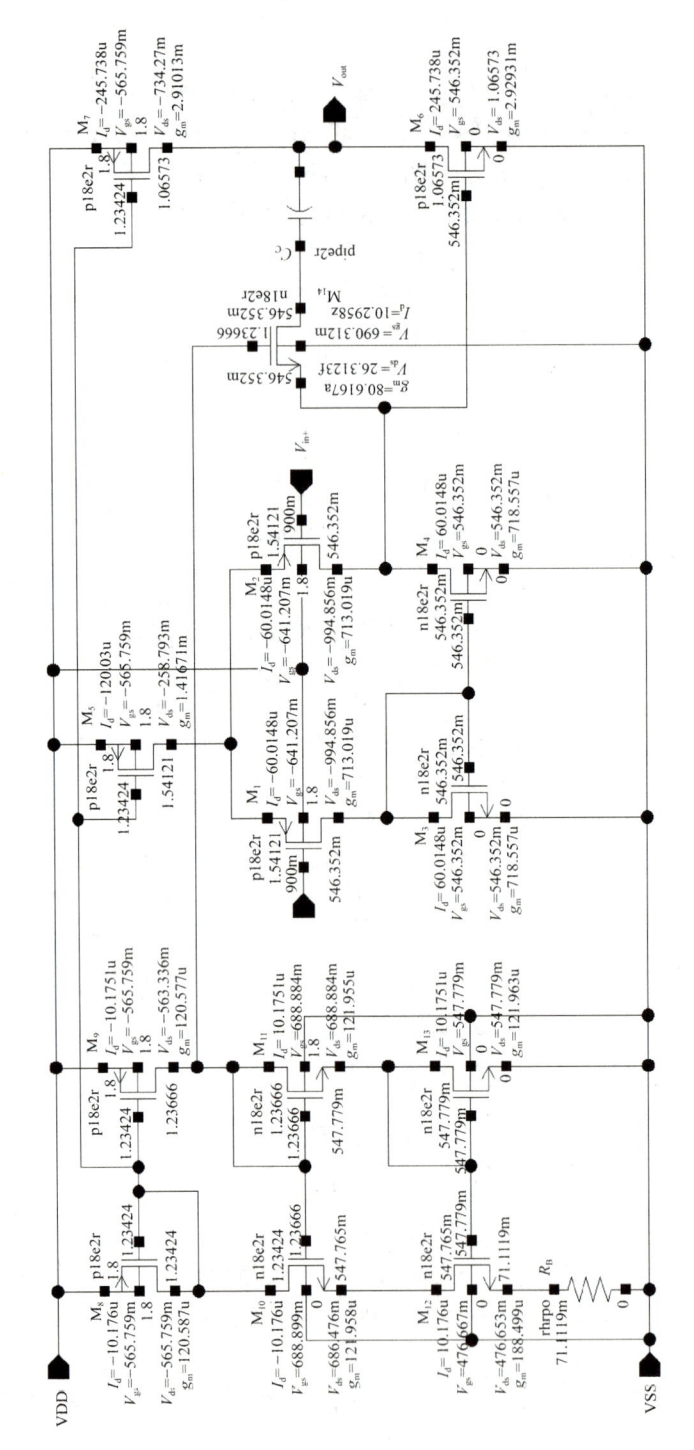

图 7.17 DC 仿真结果图

仿真得到的交流特性图如图 7.18 所示，其中开环增益为 86.5dB，单位增益带宽为 112.385MHz，而在相位图上的纵坐标大约为-131.5°，这表明在 GBW 处的相位偏移达到了 131.5°。根据相位裕度计算公式 $PM =180°-|\Delta\phi|$，可见此时的相位裕度仅为 47°，不满足相位裕度指标要求，为此我们需要调整电路。

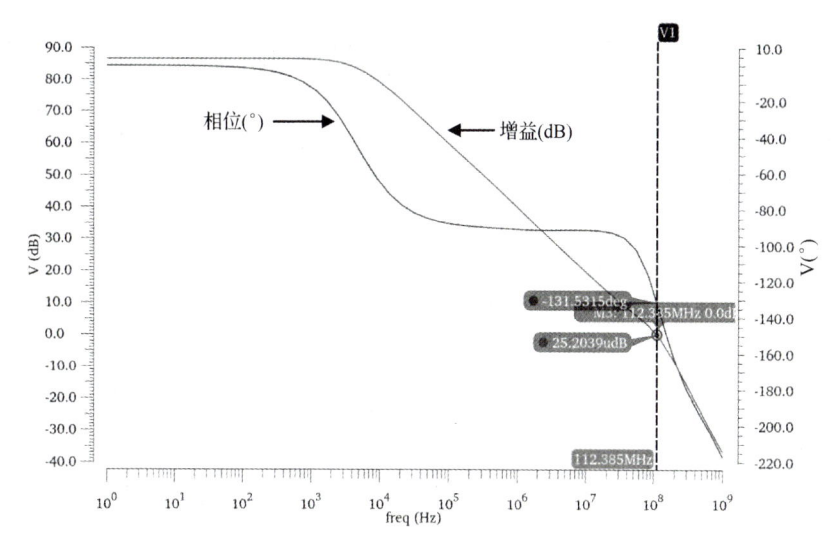

图 7.18　AC 仿真交流特征图

相位裕度主要受第二极点 p_1 和零点 z_1 的影响，将补偿电容 C_C 的电容值调节为 3pF，调整后的结果如图 7.19 所示。

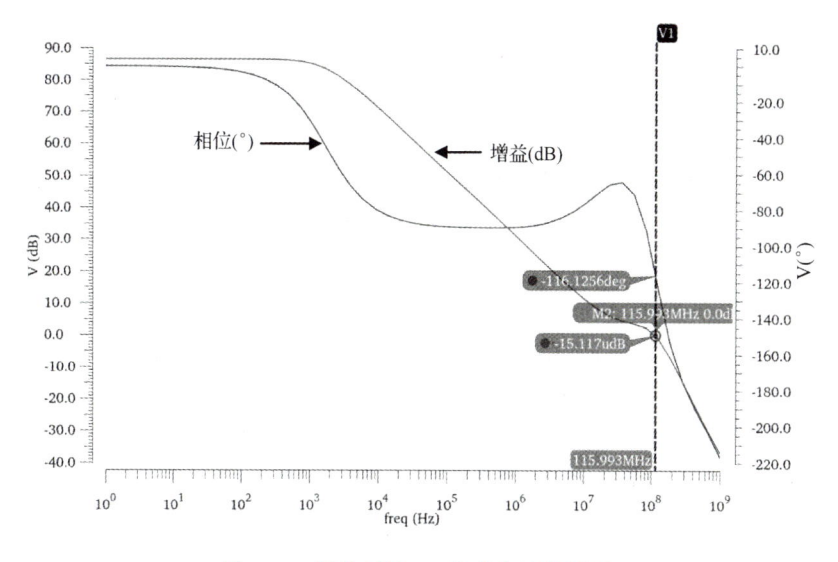

图 7.19　调整后的 AC 仿真交流特征图

不难发现，经过校正后电路的 GBW 依然为 115.993MHz，相位裕度已经达到 63.9°（180°-116.1°），满足设计要求。

（3）共模抑制比（CMRR）。

图 7.20 为运算放大器共模增益测试电路，用差模增益除以共模增益即得共模抑制比。图 7.21 显示了仿真得到的 CMRR 的频率特征，显然，在共差模输入分别为 0.9V 和 1V 的情况下，CMRR 都为 84.46dB，符合指标要求。

我们需要调用计算器对 CMRR 结果进行计算处理，过程如下。

选择 Tools→Calculator 命令，打开计算器，选择 vf 选项，然后单击电路图中的输出节点，并在 Function Panel 对话框中选择函数类型为 Math，再选择 1/x 选项，计算输出电压的倒数，然后选择 db20 函数，函数设置完毕后，单击图标 ，开始画图。

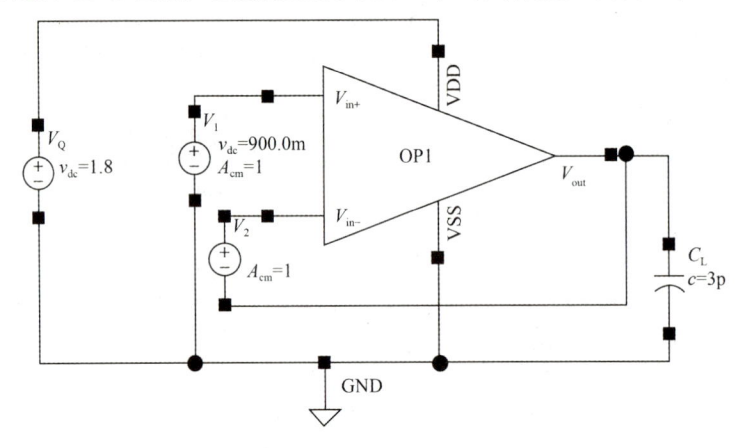

图 7.20 运算放大器共模增益测试电路

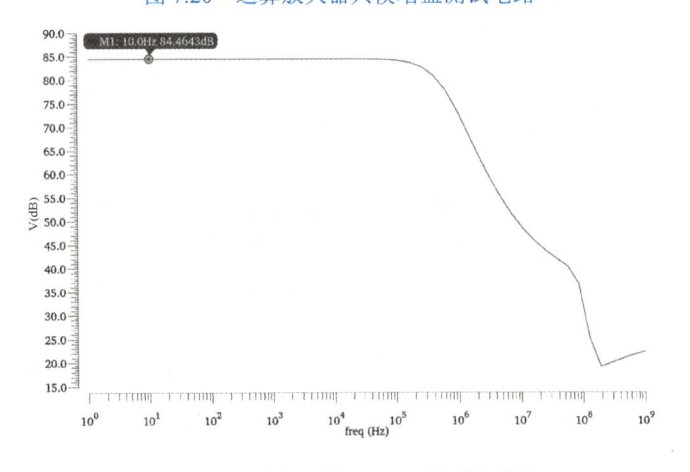

图 7.21 仿真得到的 CMRR 的频率特性

（4）负电源抑制比（PSRR$^-$）。

同理，图 7.22 为运算放大器 PSRR$^-$ 的测试电路，PSRR$^-$ 的计算方法和 CMRR 一致，仿真结果如图 7.23 所示。可见，PSRR$^-$ 为 92.5dB 已满足指标要求。

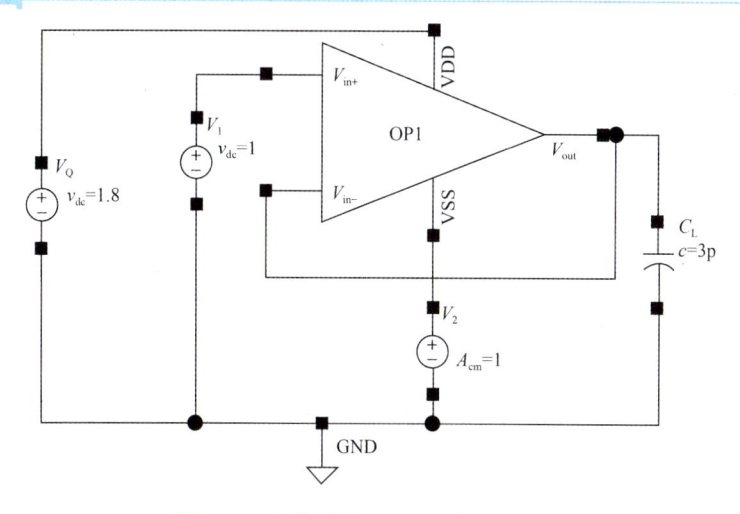

图 7.22　运算放大器 PSRR 的测试电路

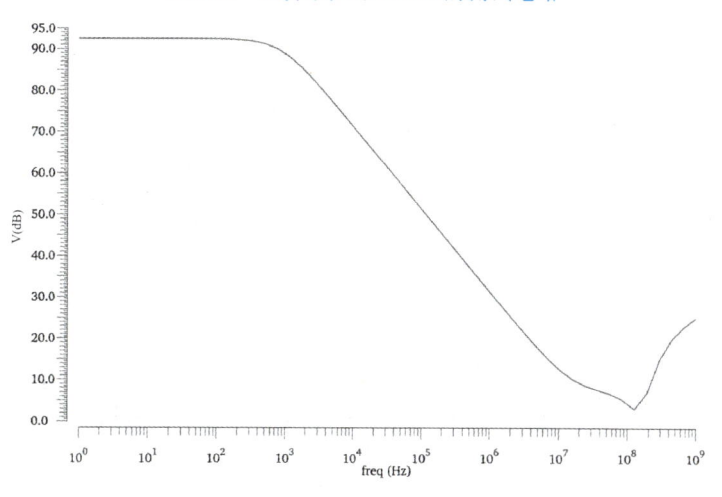

图 7.23　运算放大器 PSRR 的频率特性

（5）等效输入噪声。

可以在直流仿真测试平台基础上测试等效输入噪声。结果查看方法如下。

选择 Result→Direct Plot→Equivalent input noise 命令，其结果如图 7.24 所示，在 1kHz 处等效输入噪声仅为 $139.9\,\mathrm{nV}/\sqrt{\mathrm{Hz}}$。

（6）转换速率 SR（压摆率）。

将运放配置为单位增益负反馈形式，如图 7.25 所示，然后对输入端施加正负阶跃信号，得到阶跃响应特性。此时给输出负载充电时的 SR 为 58.18V/μs。

SR 的计算过程如下。

调出计算器，选择 vt 选项，再单击输出节点，在 Function Panel 对话框将函数类型设置成 All，在右边的搜索框中搜索 slew，单击搜索结果中的"slewRate 函数"。将 Stack 框关闭，在 slewRate 函数设置里进行设置，如图 7.26 所示。

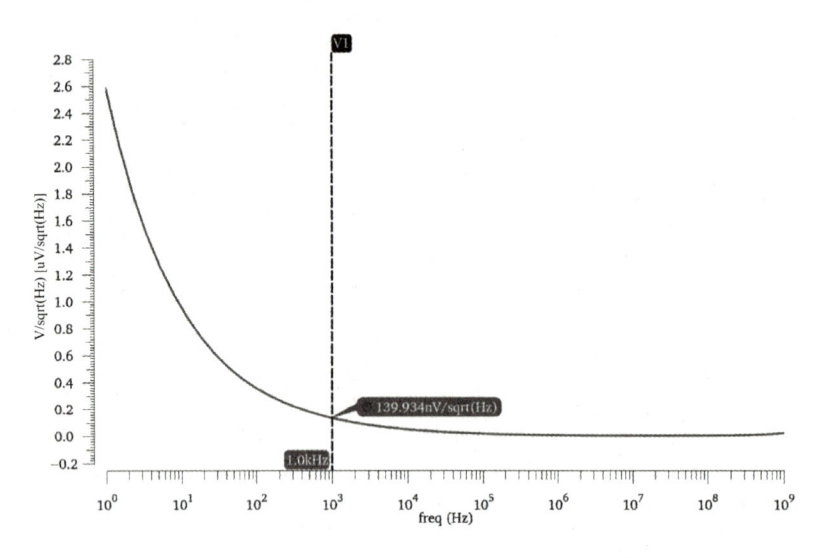

图 7.24　等效输入噪声测试结果

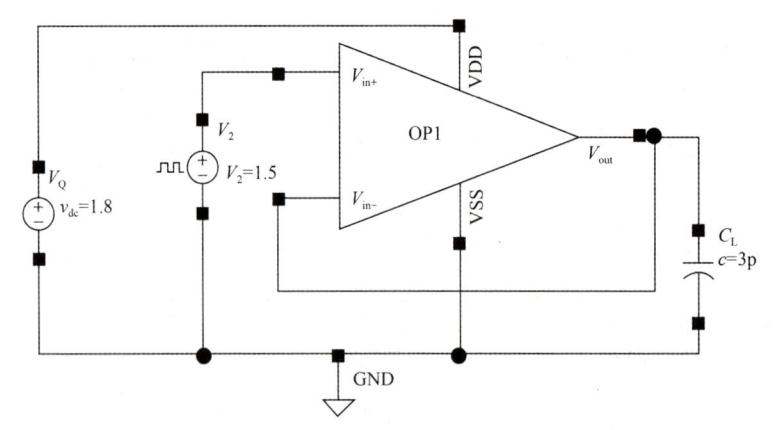

图 7.25　SR 测试电路

图 7.26　slewRate 函数设置

设置完毕单击 OK 按钮，再单击 Expression Editor 按钮和图标 Add buffer expression to expression editor，最后单击 Eval 按钮，计算结果。

第 7 章　集成电路综合设计实验——二级密勒补偿运算放大器设计实验

依照上面所述的方法和步骤，再根据仿真的结果，我们可以进一步对电路进行分析和优化。通过调整各个关键参数，往往可以针对某一个或几个设计指标得到更为优化的结果。这就需要根据不同的应用，对这些结果进行综合考量，从而得到一个最优的设计方案。在此，针对这款运放，经过适当的优化后，其各项性能指标如表 7.5 所示。

表 7.5　优化后的运放性能指标

指标	设计要求	前仿真结果
静态功耗	$\leqslant$1mW	0.695mW
开环直流增益	$\geqslant$80dB	86.5dB
单位增益带宽	Maximize	115.9MHz
相位裕度	$\geqslant$60°	63.9°
转换速率	$\geqslant$20V/μs	58.18V/μs
共模抑制比	$\geqslant$60dB	84.46dB
负电源抑制比	$\geqslant$80dB	92.5dB
等效输入噪声	$\leqslant$300nV/$\sqrt{Hz}$ @1kHz	139.9nV/$\sqrt{Hz}$

附　　录

附录 A　2450 型数字源表使用说明

1. 面板功能

2450 型数字源表面板如图 A.1 所示。

使用 SENSE HI（感应 HI）和 SENSE LO（感应 LO）端子连接，测量被测器件（DUT）的电压。使用感应导线可以消除对强制导线上压降的测量影响，从而为 DUT 提供更精确的电压源和测量结果。

图 A.1　2450 型数字源表面板

按下 OUTPUT ON/OFF（输出开/关）开关。当开关变亮时，仪器处于输出打开状态。当开关未变亮时，仪器处于输出关闭状态。

触摸屏显示器可让您通过前面板快速访问源和测量设置、系统配置、仪器和测试状态、读数缓冲区信息以及其他仪器功能。显示器上有多个界面，我们可以通过滑屏访问这些界面，还可以通过按前面板的 MENU（菜单）、QUICKSET（快速设置）和 FUNCTION（功能）键来访问这些界面。

2. 电阻测量

使用 2450 数字源表测量电阻的连线如图 A.2 所示。

图 A.2　电阻测量连线图

测量步骤如下。

（1）按前面板上的 POWER 开关以打开仪器。

（2）在前面板上，按 FUNCTION 键。

（3）在 Source Voltage and Measure（源电压和测量）区域中，选择 Current 选项。

（4）选择源量程。在主页屏幕的 SOURCE V（源 V）区域中，选择 Range 选项。

（5）选择 20V 选项。

（6）选择 Source 选项。

（7）输入 10V 并单击 OK 按钮。

（8）选择 Limit 选项。

（9）输入 10mA 并单击 OK 按钮。

（10）在主页屏幕的 MEASURE（测量）区域中，选择 Range 选项。

（11）选择 Auto 选项。

（12）按 OUTPUT ON/OFF 键打开输出。OUTPUT（输出）指示灯亮起。

（13）观察显示器上的读数。对于 10kΩ 电阻器，典型显示值为 1.00000mA；+9.99700V。

（14）完成测量后，按 OUTPUT ON/OFF 开关关闭输出。OUTPUT（输出）指示灯熄灭。

在测量低电阻时，为了更加精确测量电阻值，可以选择四线法测量低电阻，接线示意图如图 A.3 所示。

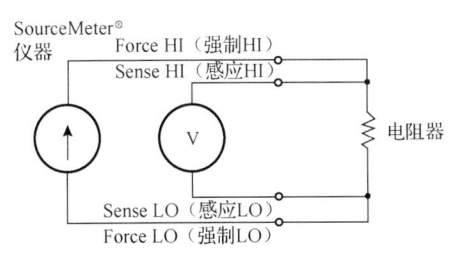

图 A.3　四线法测量接线示意图

（1）按照四线法将 2450 型数字源表连接到被测器件。

（2）打开仪器。

（3）按 FUNCTION 键。

（4）在 Source Current and Measure（源电流和测量）区域中选择 Resistance 选项，将显示警告消息。

（5）单击 OK 按钮以清除错误消息。

（6）按 HOME 键。

（7）在 SOURCE I（源 I）区域内，单击 Source 旁边的按钮，选择适合您器件的源值。

（8）按 MENU 键，在 Measure 菜单项下，选择 Settings 选项。

（9）将 Sense 设置为"4-Wire Sense（4 线感应）"。

（10）将"偏移补偿"设置为 On。

（11）按 HOME 键。

（12）按 OUTPUT ON/OFF 按钮以启用输出。

（13）选择"Measurement Method 指示器"选项。

（14）选择 Continuous Measurement 选项，开始执行测量。仪器在主页屏幕的 MEASURE VOLTAGE（测量电压）区域显示测量值。

（15）按 OUTPUT ON/OFF 按钮以禁用输出并停止执行测量。

附录 B QuartusⅡ VHDL 文本输入设计方法

（1）打开 QuartusⅡ软件。

（2）选择路径。选择 File→New Project Wizard 命令，指定工作目录，工程和顶层设计实体名称。注意：工作目录名中不能有中文，如图 B.1 所示。

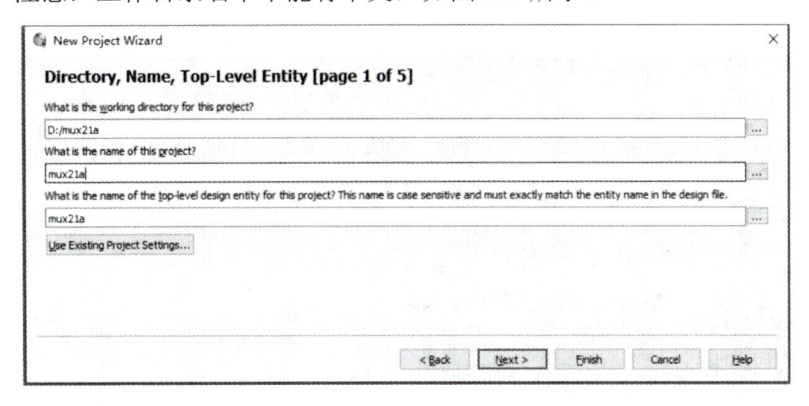

图 B.1 新建工程

（3）添加设计文件。将设计文件加入工程中，单击 Next 按钮，如果有已经建立好的 VHDL 文件或者原理图等文件可以在 File name 中选择路径然后添加，或者选择 Add All 选项添加所有可以添加的设计文件（.VHDL，.Verilog 等），如图 B.2 所示。如果没有直接单击 Next 按钮，等建立好工程后再添加也可，这里我们暂不添加。

图 B.2 添加设计文件

（4）选择可编程器件。在 Family 右边的下拉菜单中选择 Cyclone 选项，Available device 的下拉菜单中选择 EP1C3T144C8 选项，Pin Count 的下拉菜单中选择 144 选项，Speed grade 的下拉菜单中选择 Any 选项，单击 Next 按钮，如图 B.3 所示。

（5）选择外部综合器、仿真器和时序分析器。Quartus Ⅱ 支持外部工具，可通过 EDA 工具设置来指定工具的路径。这里我们不做选择，默认使用 Quartus Ⅱ 自带的工具，如图 B.4 所示。

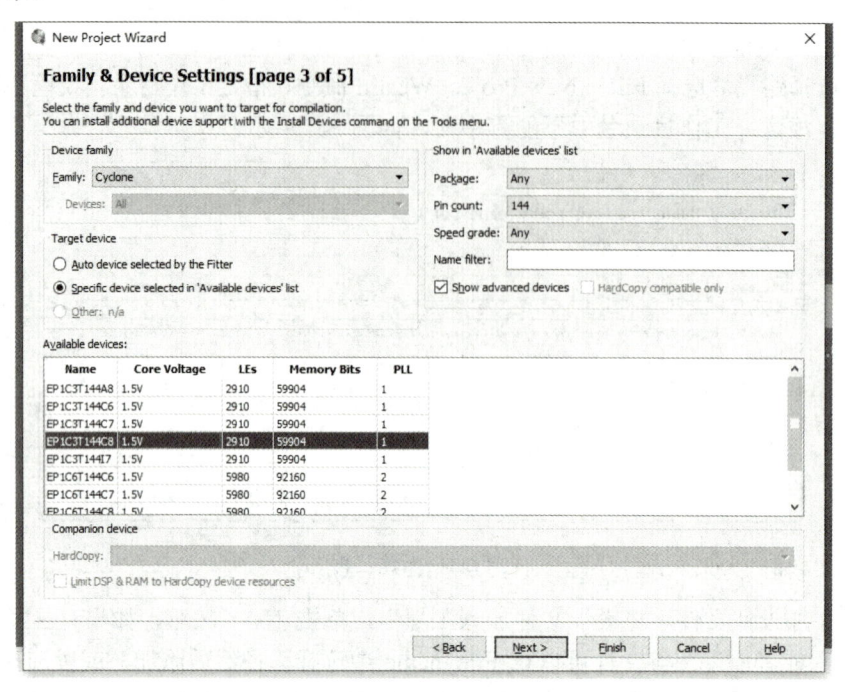

图 B.3　选择可编程器件

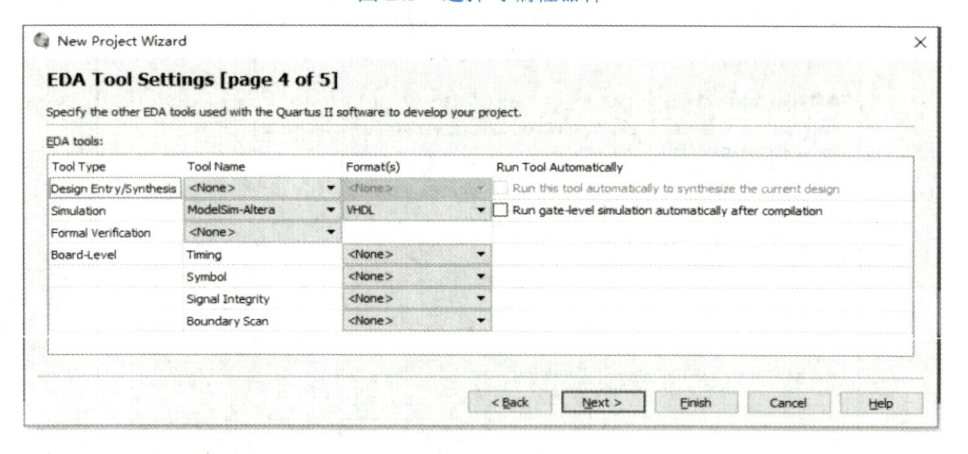

图 B.4　EDA 工具设置

（6）结束设置。单击 Next 按钮，弹出"工程设置统计"窗口，上面列出了工程的相关设置情况。最后单击 Finish 按钮，结束工程设置。

（7）建立 VHDL 源文件。选择 File→New 命令，选择 Design Files 下的 VHDL file 选项。

（8）添加文件到工程中。编辑完 VHDL 源文件后，选择 File→Save 命令，选择和工程相同的文件名。单击 Save 按钮，文件就被添加进工程当中。

（9）综合。选择 Processing→Start→Start Analysis&Synthesis 命令，进行综合。综合后可通过选择 Tools→Netlist Viewers→RTL Viewer 命令查看综合后的 RTL 电路图。

（10）功能仿真验证。选择 File→New 命令，弹出 New 对话框，选择 University Program VWF 波形文件（图 B.5），便在 Simulation Waveform Edition 窗口中显示该波形文件，如图 B.6 所示。

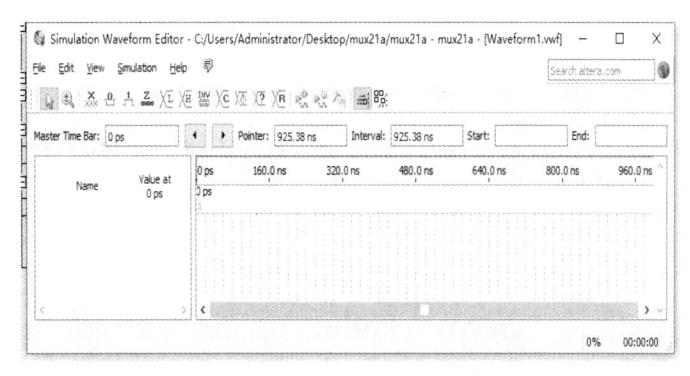

图 B.5　创建波形文件　　　　　　　图 B.6　显示波形文件

在波形文件中，选择 Edit→Insert→Insert Node or Bus 命令，出现 Insert Node or Bus 对话框，如图 B.7 所示。单击 Node Finder 按钮查找引脚，在打开的 Node Finder 对话框中单击 List 按钮，可用引脚就被列入了左侧列表框中，选择要仿真的信号引脚，单击"＞"按钮将选择的信号引脚加入 Selected Nodes 列表中，如图 B.8 所示。连续 2 次单击 OK 按钮，再单击 Save 按钮。

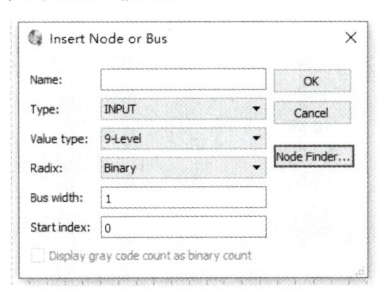

图 B.7　Insert Node or Bus 对话框　　　图 B.8　Node Finder 对话框

通过工具栏（）中的工具设置输入信号波形，如图 B.9 所示，再选择 Simulation→Run Functional simulation 命令进行仿真，得到仿真结果，如图 B.10 所示。

（11）管脚配置。综合完成后，选择 Assignments→Pin Planner 命令进行管脚配置，如图 B.11 所示。

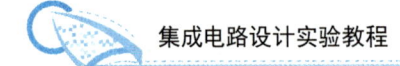

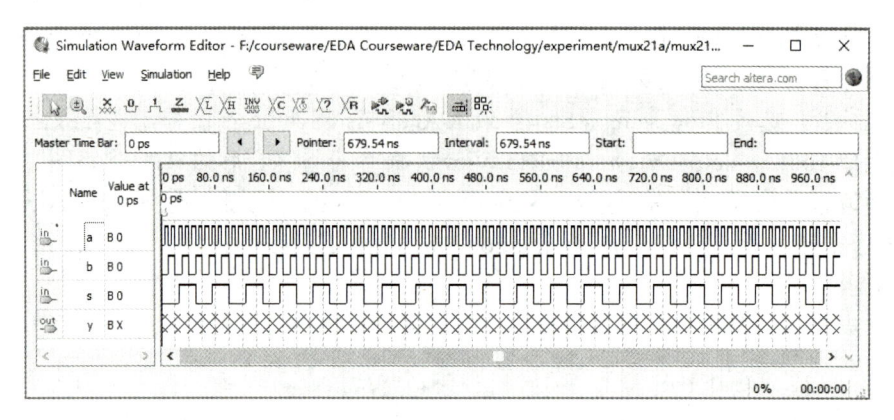

图 B.9　设置输入信号波形

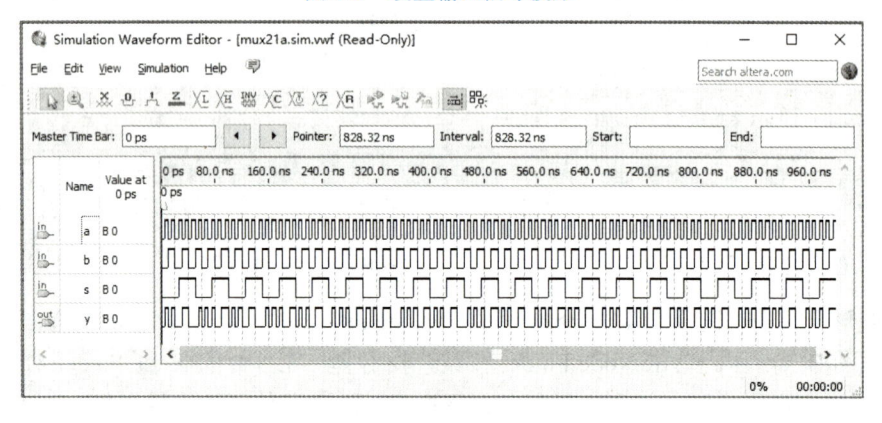

图 B.10　仿真结果

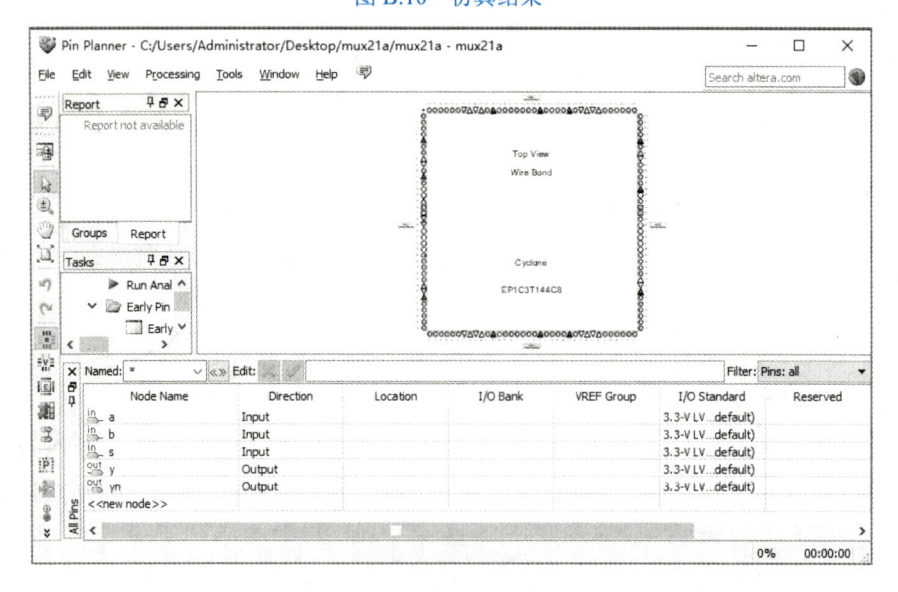

图 B.11　管脚配置

在做 QuartusII 工程时必须将未分配的管脚设置为三态输入。菜单操作为 Assignments/Devic→Device and Pin Options...→Unused Pins→Reserve all unused pins：AS input tri-stated。

如未将未分配管脚设置为三态输入，将可能导致主芯片或外围芯片损坏。

（12）全局编译。选择 Assignments→Device c 选项，选 Cyclone 系列的 EP1C3T144C8，再重新编译。

（13）下载。下载可以选择 JTAG 方式，选择 Tool→Programmer 命令，并选择 JTAG 下载方式，选择 Add File 选项，添加.sof 文件，并选中 Program→Configure 选项，单击 Start 按钮后开始下载。第一次使用下载时，首先单击 Hardware Setup...按钮，打开 Hardware Setup 对话框，然后单击 Add Hardware 按钮，选择 USB—方式选项。

参 考 文 献

陈玥. 集成电路设计中的 EDA 仿真技术应用[J]. 集成电路应用, 2025, 42(02): 32-33.

Samandari-Rad J and Hughey R. Power/Energy Minimization Techniques for Variability-Aware High-Performance 16-nm 6T-SRAM [J]. IEEE Access, 2016, 4: 594-613

杜飞飞. EDA 仿真技术在集成电路设计中的应用[J]. 集成电路应用, 2022, 39(03): 10-11.

李政, 周文质, 包磊, 等. 一种基于双极工艺的大电流高输出电阻恒流源[J]. 电子与封装, 2023, 23(12): 38-42.

毛帅, 张杰, 明鑫, 等. 适用于高频开关芯片的快速瞬态响应 LDO 设计[J]. 微电子学, 2022, 52(6): 974-980

张吉伟, 李天望. 一种低功耗 LDO 线性稳压器的设计[J]. 中国集成电路, 2022, 31(Z1): 49-53.

李雅淑, 高超嵩, 孙向明, 等. 基于 0.13μm SOI CMOS 工艺的高性能 LDO 设计[J]. 电子设计工程, 2018, 6(19): 165-170.

许佳雄, 刘振. 基于 OBE 的模拟集成电路设计课程教学改革探索[J]. 高教学刊, 2023, 9(18): 134-137.

陆学斌, 董长春, 韩天. 集成电路版图设计[M]. 3 版. 北京: 北京大学出版社, 2024.

王永生, 付方发, 桑胜田. 集成电路设计: 仿真、版图、综合、验证及实践[M]. 北京: 清华大学出版社, 2023.

徐向民. VHDL 数字系统设计[M]. 北京: 电子工业出版社, 2015.

潘松, 黄继业. EDA 技术与 VHDL[M]. 5 版. 北京: 清华大学出版社, 2017.